챗GPT로
시작하는
초등영어
글쓰기

한 그루의 나무가 모여 푸른 숲을 이루듯이
청림의 책들은 삶을 풍요롭게 합니다.

글감 찾기에서 이야기 구성까지,
영알못 엄마도 걱정 없는 AI 로드맵

챗GPT로
시작하는
초등 영어
글쓰기

방지현 지음

청림Life

영어 글쓰기 교육이
막막한 엄마들에게

"영어 글쓰기, 서술형 문제, 수행평가, 아카데믹 에세이 그리고 스피치가 중요해요."

"국내에도 본격적으로 IB 과정을 도입한다는데, 가장 중요하고 어려운 것이 영어 글쓰기예요. 지금 바로 학원을 보내야 하나요?"

"애가 영어는 좀 하는 것 같은데 글을 못 써요. 어떻게 해야 하죠?"

몇 년 전부터 학부모들에게 가장 뜨거운 주제 중 하나가 된 질문들인데요. 챗GPT 도입, 여러 분야로 확대되는 AI로 인해 교육도 디지털화가 빨라지고 있어요. 자연히 영어 교육의 전반적인 방법과 틀도 변화하고 있습니다. 2025년 현재 전 세계의 챗GPT 사용자는 10억 명에 가깝습니다. 한국에서는 전체 인구의 25퍼센트 이상이 챗GPT를 쓰고 있습니다. 정말 무서운 속도로 사용자가 늘고 있는 것이죠.

덕분에 어려웠던 글쓰기의 장벽이 무너졌지만, 한편으로는 글쓰기를 꼭 배워야 하는지에 대한 의문이 늘어난 것도 사실입니다. 챗GPT만 있으면 어떤 주제의 글도 술술 쓰고 교정과 피드백까지 할 수 있기 때문이죠. 얼마 전에는 챗GPT가 미국 변호사 시험에 합격하기도 했어요. 챗GPT가 정말 훌륭한 변호사가 될지는 모르지만, 누구보다 효율적으로 데이터를 정리해서 당당하게 합격했으니 이제 챗GPT 등의 AI로 불가능한 일이 거의 없어졌다고 할 수 있습니다.

분명 AI는 사람들에게 '이전에는 생각하지도 못한 편리함'을 제공하고 있습니다. 한편으론 '이전에는 없었던 부작용'도 만들고 있습니다. 어떤 사람들은 '영어를 굳이 배워야 하나?'라고 생각해요. 또 학생들은 '챗GPT만 있으면 어떤 글도 쓸 수 있다'라면서 막연한 자신감을 보여주기도 합니다. 이제 어려운 영어 단어 때문에 굳이 사전을 찾아볼 필요도 없고, 정보를 찾느라 힘을 쓰지 않아도 된다고 생각하는 학생이 많아졌어요. 반면 어떤 사람들은 익숙하지 않은 챗GPT를 어떻게 사용해야 하는지 몰라서 어려움을 겪기도 하지요. 모두 같은 제품을 만들어내는 공장 기계처럼 획일화된 리포트가 오히려 독이 되어서, 기업과 대학에서는 챗GPT 사용을 금지하기도 합니다. 표절과 참고 문헌의 경계는 이미 무너졌습니다. 스스로 생각하고 고민하지 않아도 '정답'이 뚝딱 만들어지는 세상에 우리 아이들은 이미 노출되어 있는 것입니다.

이런 관점에서 본다면 AI는 악일까요, 선한 발명품일까요? 특히 영어 교육의 글쓰기에서요. 챗GPT 등의 AI가 도입된 현재, 아이들이 굳이 어려운 글쓰기를 할 필요가 있을까요?

하지만 완벽할 것 같은 AI도 실수할 수 있다는 사실을 아시나요? AI는 현실에 없는 인터넷 주소를 제공하기도 하고, 명확하지 않은 질문에는 정확하지 않고 추상적인 답이나 오답을 내놓기도 합니다. 같은 주제라 해도 질문을 바꿀 때마다 다르게 답하기도 합니다. 때로는 사용자가 정확한 정보나 조건을 제시하지 않으면 누구나 알 만한 뻔한 정보를 내놓습니다.

더 심각한 것은 아이들은 어떤 기준이나 분석 없이 챗GPT를 그냥 무조건 믿어버린다는 거죠. 설령 오답이라 해도 아이들은 그 사실을 확인해야 할 필요성을 못 느끼고, 심지어 확인하는 방법도 모릅니다. 아이들은 이제 책을 읽고 문제를 분석해서 글 쓰는 것을 귀찮아합니다. AI가 어차피 더 빨리, 더 훌륭한 결과물을 만들 것을 잘 알고 있으니까요. 엄마나 교사들은 그런 아이들에게 '영어 글쓰기'의 중요성을 어떻게 전해야 할까요? 안 그래도 영어 글쓰기는 영어 영역 중에서 가장 어렵고 인기 없는 부분인데요…….

영어 글쓰기의 목적을 알아야 아이들에게 동기부여가 될 텐데 참 쉽지 않은 과제입니다.

미국 작가 조앤 디디온(Joan Didion)은 '글쓰기는 우리가 생각하는 것을 알아보기 위해서 쓰는 작업'이라고 했습니다. 즉, 자기 생각을 여는 훈련을 하고 그 과정과 결과를 표현하는 것이 바로 글쓰기예요. 그래서 단순히 AI의 답변을 무조건 내 답인 양 옮기면 안 되는 것입니다. AI의 답이 내 답, 내 의견이 될 수는 없잖아요.

"선생님, 대체 영어 글쓰기는 어떻게 해야 하나요? 집에서 어떻게 영어 글쓰기를 가르쳐야 할지 전혀 감이 안 잡힙니다."

"IB 과정이 도입되는데, 어디부터 영어 글쓰기를 준비해야 하나요?"

"영어 글쓰기 학원에 보냈는데, 문법, 표현만 피드백 받아 오고 늘 제자리예요."

"선생님, 저도 교사지만 영어 글쓰기가 힘들어요. 잘 지도할 방법이 있을까요?"

"책을 많이 읽긴 하는데, 아이가 그것을 글로 표현하질 못하네요."

"아이가 국제학교 다닌 지 꽤 되어서 수업도 잘 따라가고 영어로 말하는 것도 문제없고 성적도 나쁘지 않은데, 7학년이 되어서 본격적으로 영어 글쓰기 과제가 많아지다 보니…… 늦었나 싶어요. 글에 대한 피드백도 너무 안 좋고, 아이가 뭘 어떻게 써야 할지 힘들어하네요."

"영어 유치원 다닐 때부터 영어를 접해서 영어를 좋아하고 잘하는 아이인데 글쓰기가 싫대요. 유명하다는 ○○를 다녔는데, 영어 글쓰기를 단기간에 주입하다 보니 아이가 오히려 영어 글쓰기를 더 싫어하게 됐네요."

실제로 제가 영어 글쓰기 교육 현장에서 매일 듣는 고민인데요. 영어 글쓰기는 이렇게 수많은 걱정을 우리에게 안기죠. 영어 선생님들조차 '어떤 방법으로 영어 글쓰기를 알려주는 게 최고'라는 말 대신에 '어려워요'라고 대답하니, 얼마나 힘든 일인지 짐작이 가시겠죠?

영어 글쓰기에 대한 수많은 질문의 꼬리들은 멈추지 않기 마련이에요. 제가 운영하는 영어 온라인 라이팅 교육 센터에서도 인스타그램 라이브 방송을 하면 참으로 많은 질문이 댓글 창에 수북이 쌓입니다. 이것을 보면서 저는 오늘도 하루를 마감합니다. 여전히 대한민국 엄마들의 영어 고민은 끝날 기미가 보이지 않습니다.

이 책이 그 모든 질문에 대한 완벽한 해결책이 될 수는 없겠지요. 하지만 저는 27년 경력의 영어 교육가, 라이팅 전문가로서 영어 라이팅의 진입 장벽을 낮추고 '영어를 못하는 엄마들도 아이들과 쉽게 집에서 할 수 있는 라이팅 방법'을 이 책을 통해 전하고자 합니다. 영어를 못하는 엄마도 챗GPT를 훌륭한 보조 교사로 활용하며 아이와 함께 영어 글쓰기를 할 수 있도록요. 그렇게 예전과 다른 근본적인 방법으로 접근하는 글쓰기를 통해 아이의 잠재력이 폭발할 수 있기를 진심으로 바랍니다.

차례

Part 01
영알못 엄마의 영어 글쓰기 지도법
+ + + + + + + + + **이론편** + + + + + + + + + +

Chapter + 1

영어 한 줄부터
IB 에세이까지

Part 02
영어 글쓰기 지도법
✦✦✦✦✦✦✦✦✦ 실전편 ✦✦✦✦✦✦✦✦✦

Chapter ✦ 3

IB 영어 글쓰기,
집에서 10분 영어 일기로 시작하기

Chapter + 4

10분 자유
영어 글쓰기

Chapter ✦ 5

엄마표 영어로 수행평가,
글쓰기 대회 준비

부록

Part 01

영알못 엄마의 영어 글쓰기 지도법

🎙 이론편

영어 한 줄부터
IB 에세이까지

01
영어 글쓰기,
왜 다들 어렵다고 하지?

'영어 글쓰기, 왜 다들 어렵다고 하지?' 아이마다 이유가 있겠지만, 제가 봤을 때 가장 근본적인 문제는 글쓰기 그 자체에 있는 것 같습니다. 이렇게 생각해 보면 답이 쉽게 나올 듯합니다. 여러분은 환경 보전에 대한 4,000자의 에세이를 쉽게 쓰실 수 있나요? 여러분은 매일 겪는 일을 에세이로 쓰시나요? 남을 설득하는 메시지, 물건을 팔아야 하는 광고, 외국인에게 우리 동네 유명 장소를 묘사하는 글을 담은 블로그 등 이 모든 것이 '글쓰기'입니다. 그래서 글쓰기는 어렵습니다. 영어 글쓰기가 어려운 이유도 같습니다.

사실 영어를 배우는 가장 큰 이유는 내가 말하고 싶은 것을 '외국어'인 영어로 표현하고 싶어서잖아요. 그래서 지금도 수많은 영어 회화 책이 출간되고 인기 있죠. 자신이 완전 초보가 아니라 영어를 어느 정도 한다고 생각하는 분들에게 저는 영어 글쓰기에 대해 질문해 보곤 합니다. '영어 에세이, 영어 논문, 고객사에 보내는 영어 이메일, 영어 보고서, 영어 일기, 영어 리뷰를 잘 쓰시는 편인가요?'라고 물으면 많은 사람이 머뭇거립니다. 왜 그럴까요? 영어 글쓰기는 영어 말하기랑 많이 다른가요? 일상에서 영어 회화하듯이, 수다 떨듯이 그렇게 영어를 글로 쓰면 안 되는 건가요?

뻔한 이야기일 수 있지만 영어는 언어입니다. 영어 글쓰기가 어려운 이유는 바로 언어의 본질적 성질에서 찾을 수 있어요. 말을 잘하는 것과 글을 잘 쓰는 것이 다르듯, 영어도 말을 하는 것과 쓰는 것이 완전히 다릅니다. 말을 할 때는 말하는 사람의 개성이나 습관이 쉽게 드러나죠. '음, 그러니까, 있잖아, 저기' 등등처럼 말에 습관처럼 붙는 추임새도 넣을 수도 있고, 문법에 맞거나 공식적인 말은 아닌데 더 편하게 줄이기도 하고 새로운 말을 만들기도 합니다. 하지만 글은 다르죠. 물론 글을 쓰는 사람 각각의 개성과 문체가 특색 있게 드러나기도 하지만, 말보다는 형식과 문법, 어휘를 더 꼼꼼하게 따집니다. 제도 안에서 영향을 받는 공식적 형식이기 때문이죠. 국가 간의 협상 보고서에 다음과 같은 말이 쓰였다고 상상해 보세요. 'Nope! You know, um what I'm saying… Oh, my gosh!'

이런 말을 영어 에세이나 보고서에 쓸 수는 없습니다. 영어 작문의 경우 종류와 목적에 따라 알맞은 어휘와 형식으로 표현해야 하며, 그렇게 하려면 우선 '생각 덩어리'를 잘 다듬는 훈련을 해야 합니다. 즉 글에서 '무엇을 말해야 하는지'가 먼저 정확하게 잡혀야 합니다. 현상이나 문제를 자신의 시각으로 생각하고 표현하는 방법에 대한 훈련은 우리에게 아직은 익숙하지 않은 과정입니다. 빠른 시간 안에 정답을 찾는 주입식 교육이 만연한 대한민국의 현실에 비춰보면 영어 글쓰기는 '불편하고 답답한 과제'입니다. 하지만 영어 글쓰기는 그 과정을 꾸준히 반복 훈련해야 하는 슬로 러닝입니다. 그래서 영어 학습자들이 제일 빨리 포기하는 영역이기도 합니다.

영어 교사나 강사들을 대상으로 제가 운영하고 있는 '영어 라이팅 전문가 과정'에서도 첫 수업부터 영어 선생님들이 한숨을 내쉽니다. 영어를 최소 10년 이상 가르친 베테랑 선생님들에게도 영어 글쓰기 지도는 만만치 않은 도전이죠. 브레인스토밍 질문은 어떻게 해야 하며, 종류별 지도는 어떻게 해야 할까? 아이의 글에 관해 피드백할 때는 대체 어느 만큼 검사해야 하나?

영어 지도가 직업인 선생님들도 이러한 걱정과 질문들을 합니다. 그러니 엄마들이 자신감을 가지시면 좋겠어요. 영어 글쓰기는 누구에게나 쉽지 않은 일입니다. 물론 이 책을 활용하는 방법은 엄마와 교사 입장에서 조금씩 다를 수 있습니다. 하지만 영어가 서툴기도 하고 영어 전공자가 아닌 엄마들에게는 이 책의 근본적인 방법들이 효과가 있을 겁니다. '영어 글쓰기는 단순히 문장만 나열하는 것이 아니'기 때문이죠.

유튜브, 블로그 등 덕분에 우리 주위에는 수많은 정보가 넘쳐납니다. 그 속에서 엄마들은 사교육 없이 '엄마표 영어'만으로도 영어 잘하는 아이들을 곧잘 만듭니다. 엄마표 영어 덕분에 아이가 영어 원서를 잘 읽기도 하고 말도 잘합니다. 가끔씩 원서 리뷰도 하고 간단한 문장도 쓸 수 있습니다. 이때 엄마는 의외의 위험한 생각에 사로잡히게 됩니다.

'우리 아이도 이제 영어 에세이는 쓸 수 있겠지? 그럼 유명하다는 IB 과정을 준비시켜 볼까?'

이런 생각으로 아이를 앉혀놓고 영어 글쓰기를 시작합니다. 시중에서 본 '영어 수행평가 글쓰기' 교재 한 권을 사 와서 하나의 주제를 정하고 영어로 글을 쓰라고 합니다. 혹은 오늘 있었던 일에 대해 영어 일기를 쓰라고 아이에게 말합니다. 그런데 영어 좀 한다는 내 아이의 글이 썩 맘에 들지 않습니다. 기대와는 다르게 아이가 쓴 영어 일기와 글은 평범한 단어, 짧은 문장이 전부입니다. 영어를 잘하는 아이인데도 말입니다.

I go to school. Today is a good day.
(나는 학교에 간다. 오늘은 좋은 날이다.)

I fight with my friend. So, I'm not happy.
(나는 내 친구와 싸웠다. 기분이 좋지 않다.)

Today is Wednesday. I don't want to read a book.
(오늘은 수요일이다. 책 읽기가 싫다.)

뭔가 잘 못 쓴 것 같은데 무엇이 잘못되었는지를 엄마 역시 '딱히 정확히 꼬집어 말해줄 수 없다'는 것이 가장 큰 골칫거리입니다.

'이런 표현을 왜 썼는지 말해줄 수 있어? 네 글의 주제는 무엇이고, 글의 중심 문장은 뭐야? 이 글의 예시는 어디에 있어? 이런 단어가 더 낫지 않을까?' 하는 피드백을 해주고 싶은데 말이죠. 이 부분에서 '엄마표 영어로 영어 글쓰기를 알려줄 순 없어'라면서 포기하게 됩니다. 왜냐하면 엄마 역시 영어 글쓰기 경험이 전무하거나 어려운 세대이니까요.

아이에게 영어 글쓰기를 지도하고 싶다면 이제부터 이 책을 통해 직접 함께 글을 써보시면 어떨까요. 제가 엄마에게 드리는 미션 중 하나이기도 합니다.

사실 아이들은 매일 했던 일을 있는 그대로 솔직하게 씁니다. '나는 밥을 먹어. 나는 친구랑 놀았어'처럼 기본적 주어와 동사로 시작하는 문장을 씁니다. 주어가 나인 문장으로 시작해서 자신이 했던 것을 쭉 나열하는 것이 대부분입니다. 글을 쓰라고 하면 아이들은 문법이나 어휘를 어떻게 활용할지, 어떤 내용을 쓸지 크게 고민하지 않고 바로 씁니다. 그런데 이건 영어 글쓰기라기보다 영어 글자를 쓰는 훈련 정도로 보는 것이 맞아요.

영어 글쓰기에는 '내 생각, 내가 말하고 싶은 것'을 분명하게 담을 수 있어야 합니다. 영어 일기를 매일 쓰라고 해도 현실적으로 아이들은 '무엇을 써야 할지' 몰라서 글쓰기를 싫어하게 됩니다. 불안한 엄마는 유튜브, 인터넷에서 접한 좋은 방법들을 무작정 따라 하기 시작합니다. 하지만 이렇게 한다고 영어 글쓰기를 수월하게 할 수는 없습니다. 여러 가지로 소개되는 방법들은 말 그대로 '글쓰기를 할 수 있게 하는 수단'일 뿐이죠. 근본적인 해결책이 될 수는 없습니다.

영어 글쓰기는 단순히 길거나, 고급 문법과 어려운 단어들만 모아 놓은 글을 쓰는 활동이 아닙니다. 잘 쓴 영어 글은 내 생각을 '주제에 맞게 창의성을 갖고 논리적으로 전개'한 글입니다.

엄마표 영어 글쓰기 지도에서 가장 중요한 것은 '글의 내용'이란 것을 잊지 마세요!

미국 헌터대학교에서는 좋은 글에 대해 5가지 항목으로 정리했어요.

① 글 전체에 하나의 확실한 주제가 있어야 한다.
② 주제를 바탕으로 예시, 설명으로 발전되는 구성이 뒤따른다.
③ 통일성 있게 모든 내용이 중심 문장으로 응집된다.
④ 결론까지 일관된 글 쓴 사람의 톤, 흐름이 있다.
⑤ 문법이 정확하고, 상황과 의미에 알맞은 어휘를 선택한다.

이렇듯 좋은 글에는 먼저 방향, 주제를 잘 갖춘 후 나머지 내용들을 하나씩 만들어가는 체계적인 순서가 필요합니다.

02

엄마표 영어 지도로
좋은 글 확인하는 방법

첫째, 글은 한 줄로 요약할 수 있어야 한다

✦

저는 영어 글쓰기를 지도할 때 학생들에게 자신의 글을 스스로 읽어 보게 합니다. 그리고 글을 한 문장으로 요약하라고 합니다.

예컨대 '영어를 왜 배워야 하나?'라는 주제로 글을 쓴다고 가정해 볼게요. 첫 중심 문장에는 '영어 학습의 중요성'을 정리해서 표현해야 합니다. 예를 들어 저는 '영어를 배우면 언어 장벽이 낮아진다'를 중심 문장으로 쓸 거예요. 중심 문장이 완성되면 그 문장을 뒷받침할 수 있는 뒷받침 문장이 나와야 합니다. 여기에는 '여행을 쉽게 할 수 있고, 영어로 직업을 얻을 수 있고, 외국인 친구들을 만날 수 있다' 등의 예시가 해당합니다. 모두 '언어 장벽이 낮아진다'를 실제적으로 뒷받침하는 문장입니다. 글을 요약할 때 중요한 것은 '중심 문장과 뒷받침 문장을 합쳤을 때 통일성 있는 문장이 되는가'입니다.

만약 뒷받침 문장 중 하나가 '영어가 공용어이기 때문에'라면, 맞는 말이긴 하지만 구체성이 떨어져요. 영어 글은 기본적으로 주제문과 그 주제문에 대한 각 단락별 하나의 중심 문장, 2~3개의 뒷받침 문장, 그리고 그 속에서 5개의 핵심어가 하나로 연결되어야 합니다.

IB의 에세이나 4,000자 정도의 긴 글에서는 이 구조가 더 확실해야 합니다. 서론에서는 첫 문장을 확실한 문제 제기로 시작하고, 서론 끝에는 '글의 주제'를 서술해야 해요. 그리고 그 주제를 중심으로 본론의 각 단락을 중심 문장과 뒷받침 문장으로 구성해야 합니다. 결론에서는 이 모든 것이 하나의 문장으로 요약될 수 있어야 하죠.

예를 들어 '왜 영어를 배워야 하지?'라는 주제로 글을 쓴다면, 보통 아이들은 '외국인과 대화할 수 있어서 여행할 때 편해요, 돈을 잘 벌 수 있어요, 세계 여행을 다녀요, 번역기 사용하지 않아도 돼요'라고 대답합니다. 모두 납득할 만한 답변이죠. 그런데 이 답변들은 그저 영어를 배울 때 얻는 이점에 관한 예시 문장이에요. '왜 영어를 배워야 하지?'라는 글을 쓸 때의 주제문으로는 불합격이죠. 즉 이 문장들은 예시문에 그치기 때문에, 더 포괄적인 주제와 글 쓴 사람의 생각이 담겨 있어야 하는 주제문이 될 수 없어요. 아이들은 예시들을 중심 문장으로 착각해서 서론부터 쓰기 시작해요. 혹은 '영어는 공용어예요'라는 등의 형식적인 문장을 쓰기도 하는데 이것 역시 주제문으로 적합하지 않습니다.

즉 중심 문장, 중심 문장을 구체적으로 뒷받침하는 문장들, 전체를 포함하면서 요약하는 주제문이 있어야 합니다. 글의 주제문에는 명확한 주제와 중심 생각을 담아야 합니다.

영어는 많은 기회를 연결해 주는 글로벌한 공용 언어입니다.

이 중심 문장에는 어떻게 영어가 글로벌한 언어로 작용하는지에 대한 생각이 드러나 있습니다. 이렇게 '기회를 연결한다'라는 중심 문장 뒤에는 이를 뒷받침하는 뒷받침 문장이 옵니다.

영어는 전 세계적으로 가장 많은 사람이 사용하는 언어이기 때문에 국적이 다양한 사람들과 소통할 수 있게 해준다. 그래서 영어는 다른 문화와 사회를 이해하는 데 가장 효과적인 수단이 된다. [뒷받침 문장: 문화·사회적 소통 수단]
세계의 우수 대학들과 기업, 정부 기관에서는 교육, 자료 등을 영어로 제공하는 것이 기본이다. 영어를 통해서 이러한 질 높은 정보를 좀 더 쉽고 효율적으로 접할 수 있다. [뒷받침 문장: 교육과 정보에 대한 접근]
또한 전 세계의 20퍼센트, 약 15억 명의 가장 많은 사람이 사용하는 언어이다 보니 영어를 통해 일자리를 얻을 기회가 더 많이 열린다. 영어를 배우면 국내뿐만 아니라 국제적으로 취

업할 수 있는 기회가 많아진다. [뒷받침 문장: 취업, 경제적 기회]
따라서 영어는 단순한 의사소통 도구를 넘어 세상과 사람을 연결하고 새로운 가능성을 여는 글로벌 공용어라고 할 수 있다. [결론으로 주제 연결]

앞의 문장들은 중심 문장을 뒷받침하기 좋은 구체적 문장들입니다. 여기서 '많은 사람'이란 부분을 좀 더 구체적으로 뒷받침해 볼까요? 'ㅇㅇ개국, ㅇㅇ명의 사람들, ㅇㅇ퍼센트'가 사용하는 영어 시스템 등의 사례만 있어도 문장을 더 체계적으로 구성할 수 있습니다. 숫자나 수치에 관한 정확한 자료는 문장을 뒷받침하기 좋은 재료입니다. 확실하고 구체적인 뒷받침 문장들은 '취업, 교육, 의사소통'과 같이 핵심어들로 요약될 수 있습니다.

만약 주제문이 '외국어 학습은 언어의 장벽을 낮춥니다'라고 가정해 봅시다. 이 문장은 '영어를 왜 배우지?'의 주제문이 되기에는 조금 부족하죠. 주제는 분명하지만 '중심 생각main idea', 즉 왜 그게 중요한지, 어떤 가치를 가지는지에 대한 내용이 조금 부족합니다.

여기서 '왜, 어떻게, 그래서?' 등의 질문에 답하면 더 나은 주제문이 될 수 있어요.

'외국어를 배우면 서로 다른 생각과 문화를 이해하고, 진짜 대화를 할 수 있습니다' 또는 '외국어를 배우면 언어의 장벽을 낮추고, 언어가 다른 서로의 마음을 이해하는 대화의 문을 열 수 있습니다' 등처럼 중심 생각을 보완하면 구체적인 주제문으로 적합해집니다.

이처럼 주제문은 추상적이거나 모호하고 지극히 개인적인 감정에 관한 단어들을 쓰지 않고 구체성을 갖추는 것이 바람직합니다.

모든 사람은 삶에서 성공하기 위해서 영어를 배워야 한다.

이 문장에서 말한 '성공'의 기준은 개인마다 다르죠. 지나치게 과장하는 느낌이에요.

영어는 세상의 다른 언어들보다 더 나은 언어이다.

'더 나은'의 의미도 역시 개인적 의견일 뿐이에요. 자신의 이야기를 객관화할 자료가 없으면 좋은 글이 되기 어려워요.

당신이 영어를 알면 어떤 어려움도 만나지 않게 된다.

이 문장도 지나치게 과장되어 있고 정확하지 않은 감정을 그대로 표현하고 있기 때문에 부적절한 뒷받침 문장입니다. 주제문에는 객관적이고 정확하며 '왜, 어떻게, 그래서?'의 중심 생각을 담은 구체적인 문장들이 필요합니다.

둘째, 글의 주제와 제목을 헷갈리면 안 된다

✦

글의 주제와 제목은 어떤 관계가 있을까요? 주제는 '어떤 글을 쓸 수 있는 목적, 방향'입니다. 그 속에서 브레인스토밍을 하고 글에 필요한 소재를 찾죠. 그리고 자신의 글에 맞는 제목을 만들어요. 이게 전형적으로 주제에서 제목을 만드는 방법입니다. 하지만 글쓰기에 익숙하지 않은 아이들은 글쓰기 주제가 글의 제목이라고 생각하는 오류를 범하기도 해요.

예를 들어 '여름방학'이란 주제로 글을 쓴다고 가정해 볼게요. 아이들은 대부분 '아, 여름방학이 내 글의 제목이구나!' 이렇게 생각합니다. 심지어 어떤 아이들은 글쓰기에서 제목 자체를 생략하기도 해요.

여름방학이라는 주제에는 다양한 제목들을 만들 수 있는 글감이 많습니다. 그리고 어떤 제목을 쓰는지에 따라서 주제문도 다르게 쓸 수 있습니다.

먼저 엄마는 명확한 주제와 그것에 맞는 제목을 쓸 수 있도록 아이에게 다음과 같이 질문해 주세요.

'여름방학 하면 뭐가 제일 먼저 떠올라?'

'작년 여름방학에 우리 뭐 했지?'

'가장 기억에 남는 여름방학은?'

'최근에 보낸 여름방학은 어땠어?'

'가장 안 좋았던 여름방학은 언제지? 그때 대체 무슨 일이 있었는지 말해줄래?'

'(이번) 여름방학 중 제일 아쉬웠던 것은?'

'(이번) 여름방학 중에 제일 기뻤던 일은? 왜 그랬을까?'

'이번에 (돌아올) 여름방학 계획은 뭐야?'

'여름방학이랑 겨울방학 중 어떤 게 더 좋아? 왜 그런데?'

'지난 여름방학을 3개의 단어로 요약해 본다면? 왜 그렇게 했어?'

이렇게 다양하게 질문하면서 브레인스토밍을 시작하면 어렵지 않게 영어 글쓰기에 필요한 재료들이 많아져요. 그 안에서 아이들이 생각하는 주제는 '가장 행복했던 여름방학'이 될 수도 있고 '여름방학을 잘 보내는 꿀팁'이 될 수도 있습니다. 또 '올해 여름방학 계획'이 될 수도 있어요.

열린 질문 활동을 통해서 글쓰기의 주제를 바로 제목으로 만드는 실수를 예방할 필요가 있습니다. 엄마들은 넓은 주제 안에서 아이가 생각과 잠재력을 꺼낼 수 있는 질문을 던져주세요. 생각과는 다른 예상치 못한 답이 아이들에게서 나올 수 있습니다. 그게 아이의 글을 결정짓는 색깔이 됩니다. 아이마다 갖고 있는 여름방학에 대한 생각, 경험이 잘 드러날 수 있도록 이제부터 엄마표의 열린 질문을 해주세요.

셋째, 체계적인 구조가 있어야 한다

✦

좋은 글에는 체계적인 구조가 있어야 합니다. 글의 종류와 상관없이 갖춰야 할 기본 구조는 첫머리에 해당하는 서론, 중심에 해당하는 본론, 마지막에 해당하는 결론의 3단 구성입니다.

또는 학술적 에세이에 필요한 PEEL(Point of View, Evidence, Explanation, Link) 구조도 있어요. 여기서는 먼저 글의 핵심을 말하고 그 뒤에 이를 뒷받침하는 증거를 만듭니다. 그 증거와 글의 중심을 설명하고 마지막 부분에서는 이 내용들이 어떻게 중심 내용과 연결되는지를 보여줘요. IB 과정 에세이에서는 이런 구조를 갖춰야 합니다. 하지만, 이 부분 역시 크게 서론-본론-결론의 3단 구성이라고 볼 수 있어요. 즉 문제점과 주제문을 담고 있는 부분이 서론이라면 그것을 뒷받침하는 증거와 설명이 본론, 마지막에 서론과 본론을 연결하는 부분이 결론이 됩니다.

이 구조를 햄버거로 표현하면 옆의 그림과 같아요. 맨 위에는 빵이 올려져 있네요. 이 부분이 '이 글에서는 어떤 내용을 다룬다'라는 서론이 됩니다.

채소, 고기가 들어간 부분은 바로 본론이 될 수 있어요. 위의 중심 내용을 뒷받침할 수 있는 증거, 예시를 설명합니다. 맨 아래의 빵은 위에서 다룬 내용을 중심 내용과 정리해서 연결해 주는 결론이 되죠. 결국 3단 구성은 모든 글에 필수적인 기본 구조입니다.

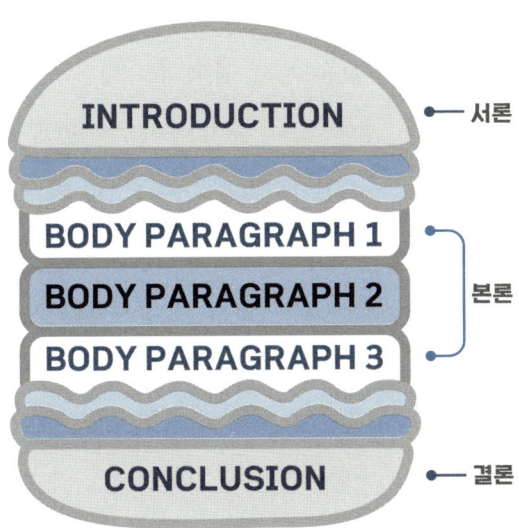

만약 무엇인가를 설득하거나 논리적으로 생각을 표현할 때는 오레오 구조(OREO)를 따를 수 있어요. 오레오 구조의 O(opinion)는 자신의 의견을 말해요. 이후 그렇게 생각하는 이유인 R(reason), 즉 논리적 근거를 제시합니다. 여기에 구체적인 예인 E(example)를 통해서 이유를 강화해요. 각종 자료, 사례 수치가 해당될 수 있어요. 마지막에는 의견 O(opinion)를 한 번 더 말함으로써 독자에게 자신의 주장, 의견을 각인시킵니다. 이 구조 역시 3단 구성에 속합니다.

이렇게 모든 글은 기본적으로 3단 구성이 필요합니다. 크게 보면 PEEL, 오레오, 햄버거 구조에는 공통점이 있습니다. 모두 3단 구성이고, 주제, 중심 문장, 뒷받침 문장들, 결론으로 도출되는 구조라는 점이죠.

넷째, 글을 쓰려면 생각꾼이 되어야 한다

✦

좋은 글에는 '문제를 보는 시각, 풀어내는 해결력, 전달하는 힘'이 드러나야 합니다. '왜 선생님들이 우리 아이 글에는 문법이나 표현에 대한 피드백만 할까?' 하고 의아해하는 부모님들이 있어요. 분명 문법과 표현에 대한 피드백도 필요해요. 하지만 이런 것은 기술 점수에 속합니다. 거기에 그 글 자체의 '생각'이 명확해야 해요. 피겨스케이팅에서 예술 점수와 기술 점수를 각각 나누듯이요.

'영어 글쓰기의 최종 목표는 하나의 현상을 보고 표현하는 생각꾼(thinker)을 만드는 것'이란 점을 꼭 기억하세요. 스토리가 없는, 즉 제대로 된 알맹이가 없는 글은 종류에 상관없이 잘 쓴 글이 될 수 없습니다. 설령 초급 단계여서 어법적 실수가 있거나 어휘가 좀 부족해도 이야기나 주제에 맞는 내용이 풍부하면 그 글은 충분히 좋은 글이 될 수 있어요.

엄마표 영어 글쓰기 지도에서 피해야 할 실수는 아이의 글을 볼 때 문법, 어휘, 스펠링 등에 지나치게 집착하는 것입니다. 좋은 글은 '전달하는 메시지'가 있어야 하고, 그것은 아이가 '생각꾼'이 되었다는 것을 입증합니다. 비판적 사고는 관찰, 독서, 실험을 통해 얻은 증거들을 해석하고, 이해하며, 적용하고, 종합하여 명확하고 논리적으로 판단하는 기술이기도 합니다.

27년 차 영어 교육가로서 저는 아이들이 단순하게 모범적인 글을 쓰는 것을 원치 않습니다. 그런 것은 이제 AI가 얼마든지 기계적, 자동적으로 생성할 수 있습니다. 창의적 아이디어를 갖고 비판적으로 사고하지 않으면 개개인의 역량을 더 이상 발휘할 수 없는 시대입니다. 교사나 엄마는 더 이상 수동적인 지식 전달자가 되어서는 안 됩니다. 글로벌 시대 우리 아이들의 경쟁력이자 생존 전략인 비판적·창의적 사고력을 키울 수 있도록 도와줘야 합니다.

'이 글의 주요 요점이 뭐지?'

'이 글을 왜 썼을까?'

'이 글을 읽는 사람이 뭘 하기를 바라는 거지? 단순한 의견일까? 정보를 얻게 하는 것일까? 어떤 행동의 변화를 원하지?'

이 질문에 대한 답이 글 속에서 쉽게 보인다면 '좋은 글'이라는 의미입니다. 여러분도 아이 글을 보면서 위의 질문에 스스로 답해보시길 바랍니다.

다섯째, 글의 시작에 후킹이 있는지 확인한다

✦

글의 첫 부분은 참으로 중요해요. 어떻게 시작하는지, 어떻게 독자의 시선을 잡는지를 뜻하는 후킹(hooking)의 역할은 아무리 강조해도 지나치지 않아요. 이 부분이 잘 전달되지 않으면 이내 글을 읽는 흥미가 떨어집니다. 어떤 독자는 첫 문장을 읽고 바로 책을 덮기도 해요.

일기를 쓸 때 매일 같은 문장으로 시작하면 지루하잖아요. '나는 ○시에 일어났다', '오늘은 수요일이다', '오늘은 학교에 간다'라는 단순한 문장들만 매일 일기에 쓴다면 흥미나 관심도는 당연히 떨어지겠죠?

요즘 SNS에서는 '최대한 짧고 간결하고 강력하게!' 전하는 숏폼이 대세입니다. 사람들을 집중하게 하고 클릭하게 만드는 것은 바로 후킹입니다.

'안녕, 나는 ○○야. 내 이름은 ○○야'라는 말 대신 '~에 대해 들어봤어(Have you ever heard of…?)?'라는 질문으로 첫 문장을 시작하는 글을 쓴다고 생각해 보세요. 어떤 문장이 더 흥미로운가요?

이렇게 후킹으로 시작을 잘할수록 읽는 사람들의 몰입도와 관심이 커집니다.

'학교가 왜 좋은지'에 대한 글을 쓴다고 가정해 보겠습니다. '나는 우리 학교가 좋다. 나는 학교가 ~한 점 때문에 좋다'라는 문장이 있습니다. 그리고 '많은 장소가 내 주변에 있다. 그중에서 학교는 나에게 특별한 의미가 있다. 학교는 나에게 다리이다'라는 문장이 있습니다.

여러분은 어떤 문장에 더 관심과 흥미가 가나요? 후자가 더 많은 관심을 끄는 후킹 문장으로 적합하죠. '학교는 다리이다'라는 문장은 '그 학교가 어떤 의미 때문에 특별한 장소이다'라는 점을 자연스럽게 설명합니다.

또 '학교는 다리이다'라고 했기 때문에 학교가 왜 다리인지에 대한 세부 사항들이 글의 본문으로 전개되기 좋습니다. 예를 들어 '배움의 기회를 제공하는 다리', '대화를 통해 사회생활을 경험할 수 있는 다리' 등의 뒷받침 문장을 차례로 쓸 수 있습니다. 많은 장소 즉 놀이터, 병원, 공원, 백화점 등 여러 공간이 있지만 그곳과 비교해 학교의 특별한 의미에 대해 궁금하게 하면서도 실례를 통해 입증할 수 있습니다. 이처럼 효과적인 글의 첫 시작을 엄마와 아이가 함께 연습해 보는 게 중요합니다.

또 다른 예를 들어보겠습니다. '학교 체벌에 대한 찬성과 반대' 의견을 쓰는 글입니다.

대부분은 '체벌은 나쁘다', '나는 체벌이 없어져야 한다고 생각해. 왜냐하면 ~하기 때문이다' 등의 문장들을 앞에 쓰게 됩니다. 하지만 누군가 '체벌이냐 아니냐(Flog or not?)?'라는 질문을 썼다고 가정해 보세요. 어려워 보이지 않고 간단한 문장이지만 사람들의 시선을 집중시킵니다. 이 첫 문장을 통해서 글쓴이가 어떤 논점으로 글을 이어 갈지가 궁금해집니다.

이렇듯 강력한 첫 문장은 독자로 하여금 글을 끝까지 읽게 하는 연결점이자 통로입니다.

여섯째, 결론을 급하게 마무리하지 않는다

✦

보통 한 편의 짧은 글에서 10개의 문장을 쓴다면 2개 문장은 서론, 6개 문장은 본론, 나머지 2개 문장은 결론으로 나눠볼 수 있어요. 다섯 문장이라면 서론 1, 본론 3, 결론 1입니다. 물론 숫자가 딱 떨어지게 나누기는 힘들지만, 우선 글을 구성하는 연습을 한다는 가정하에서 이렇게 생각하는 것이 좋습니다.

그런데 아이들은 때때로 결론을 짧은 한 문장으로 쓰기도 합니다. '나는 그렇게 생각해(I think so)' 혹은 '그래서 내가 이걸 좋아하는 거야(That's why I like this)' 정도의 느낌으로 끝내는 것이죠.

서론부터 본론을 잘 전개하다가 결론을 너무 성급하게 마무리하는 오류라고 할 수 있죠. 물론 글의 결론에서 갑자기 내용이 늘어나거나 새로운 정보를 추가하면 안 되지만, 그렇다고 짧은 의견으로 끝내버리는 것도 개선할 부분입니다.

결론에서는 내용을 다시 한번 정리하고 요약하거나 때로는 내 의견을 제시하는 문장을 쓰는 것이 좋습니다. 했던 말을 한 번 더 반복하는 것이 아니라 글을 정리하는 겁니다. 서론부터 본론까지 써온 글을 하나의 목소리로 정리해서 독자들에게 보여주는 것이에요. 서론이 '이 글을 왜 쓰게 되었는지'를 보여주는 시작이라면 결론은 '이 글의 중심 생각과 글의 목적은 최소한 알 수 있어'로 정리할 수 있게요.

결론에 주제문을 그대로 옮겨 적거나, 이야기를 다시 시작하는 것은 적절하지 않습니다. 동의어들로 단어만 바꾸는 글들도 마찬가지예요. 예를 들어 한국의 문화에 대해 말하는 글이라면 마지막 결론에서는 '한국 문화는 이런 요소들 때문에 우수하고 인기를 끌고 있다'라는 문장보다는 강력하게 'That's K-culture(그게 K-문화이다)'라고 마무리할 수도 있겠죠. 간결하면서도 자신의 중심 생각을 잘 정리하는 것이 바로 좋은 결론이라고 할 수 있어요.

결론적으로 내가 가장 좋아하는 동물은 개이다. 왜냐하면 개는 친근하고, 똑똑하며, 재미있기 때문이다. 게다가 어떤 개들은 사람처럼 말할 수도 있다.

위의 문장을 보면 자신이 좋아하는 동물이 개라고 하다가 갑자기 새로운 이야기를 덧붙였어요. 새로운 예시인 '사람처럼 말한다'라는 내용을 덧붙여서 결론의 통일성을 흐리고 있어요.

영어는 중요한 단어이다. 영어는 핵심 단어이다. 영어는 필수적인 단어이다. 영어는 의미가 있는 단어이다.

이 예시 문장은 무조건 같은 단어만 나열한 적절치 못한 결론입니다. 내 문장을 다른 말로 바꾼다는 것은 '재구성'이지 '비슷한 말 찾기'가 아닙니다.

겨울은 눈, 크리스마스 그리고 핫초코 때문에 내가 가장 좋아하는 계절이다. 결론적으로 우리는 모두 이런 자연환경을 보호해야 한다고 생각한다!

이런 식의 결론은 여태까지 잘 써왔던 영어 글을 한순간에 망칠수 있어요. '유종의 미'라는 말처럼 끝까지 자신의 일관된 톤으로 마지막을 정리해야 합니다.

엄마표 영어로 좋은 결론을 쉽게 쓸 수 있는 방법은 다음과 같아요.

① 서론에서 처음 언급한 핵심 주제를 신선하게 표현하며 다시 진술하기

단순하게 동의어를 찾아 쓰는 것이 아니라 글을 재해석해야 합니다. 그래서 본문에서 다뤘던 주요 사례들, 논점들을 하나로 정리해서 나의 의견을 다시 정리할 수 있도록 해주세요. 또는 본문에서 다룬 주요 내용을 요약하고, 이를 어떻게 연결할 수 있는지 보여주세요. 예를 들어 서론에서 다음과 같은 문장을 썼다고 가정해 봅시다.

> 창의적으로 배우고 성장하기 위해서는 아이들에게 더 많은 놀이 시간이 필요하다.

놀이의 중요성을 말하고 있는 서론입니다. 그렇다면 이 글의 결론에서는 '아이들의 창의성을 위한 놀이에 대한 긍정적인 재해석'이 나오는 것이 좋습니다. '놀이가 필요하다', '놀이는 중요하다', '놀이가 아이들 학습에 좋은 영향을 끼친다'라는 문장보다는 '결국 놀이는 공부에서 벗어나는 시간이 아니라, 아이들이 가장 잘 배우는 또 다른 학습 방식이다'라며 재구성하는 문장이 훨씬 좋은 결론이 될 수 있습니다. 여기에서는 핵심어인 '놀이'란 주제어를 유지하면서 그 의미를 '휴식에서 학습의 본질'로 재구성하여 글 전체의 통찰을 강화했습니다.

엄마는 이 부분에 대해서 챗GPT에 다음과 같이 질문할 수 있습니다.

우리 아이가 글의 주제를 신선하고 의미 있게 다시 말할 수 있도록 도와줘. 같은 단어를 반복하지 않고 결론 문장을 새롭게 써줘. 주제어의 본질은 유지하면서 결론을 재구성해 줘.

결론을 위한 엄마표 지도는 글의 '핵심어'를 통해서 '배운 것, 느낀 것 혹은 해야 할 행동' 등으로 연결해 보는 구체적 방향성을 갖추면 됩니다.

② 독자에게 마지막으로 남길 생각을 제시하기

글을 읽은 이후에 생각할 미래의 방향, 다음 단계가 더 넓은 맥락에서 어떤 의미를 지니는지에 대한 제안을 포함할 수 있습니다. 글은 종류별로 전개되는 방향이 다릅니다. 예를 들어 설득하는 글은 하나의 논제를 읽는 사람들에게 설득하고, 정보를 전달하는 글은 독자가 모르는 사실, 정보를 알려주는 것이지요. 이렇게 종류에 맞게 결론의 메시지나 생각할 질문을 남깁니다.

'물의 순환을 생각하면 지구를 어떻게 돌봐야 하는지 이해할 수 있다'라는 문장은 단순한 정보를 넘어서 자연환경과 자연보호에 관해 생각할 주제를 남깁니다.

혹은 '사람들이 오늘 작은 변화들을 만든다면 내일 좀 더 나은 세상을 만들 수 있다'라는 문장은 읽는 사람들에게 '어떤 행동을 하면 좋을지'에 대한 과제를 줄 수 있습니다.

'사람들은 재활용을 더 많이 해야 한다. 그래서 재활용은 중요하다'로 끝내면 글이 평평해집니다.

대신 결론을 이렇게 확장해 보면 더 나을 거예요. '모두가 오늘 작은 변화를 시작한다면 내일은 더 깨끗한 지구를 만들 수 있다.' 이 문장은 단순한 주장을 넘어, 읽는 사람의 행동을 유도합니다. 즉 '이제 네가 해볼 차례야!'라는 메시지를 남기죠.

아이가 이 부분을 어떻게 써야 하는지 어려워한다면 엄마는 이렇게 질문해 주시면 좋아요.

'이 글을 읽은 사람이 생각해 봤으면 하는 점은 뭐야?'

'이 주제를 통해 네가 전하고 싶은 다음 메시지는 뭐야?'

'이 글이 끝난 뒤 세상이 어떻게 달라졌으면 좋겠어?'

엄마의 질문에 아이가 적절하게 답변하지 못할 수도 있어요. 혹은 아이가 '이 글을 읽고 사람들이(내 친구들이) 쓰레기를 안 버렸으면 좋겠어요' 등으로 대답할 수도 있습니다.

이 문장과 관련해서 챗GPT에 이렇게 질문할 수 있습니다.

아이가 결론을 어떻게 맺어야 할지 모르는데, 읽는 사람들이 생각하도록 만드는 결론 문장을 마지막에 추가해 줘.

'친구들이 쓰레기를 버리지 않았으면 좋겠어'라는 결론을 썼는데 이 문장이 앞의 서론, 본론과 적절하게 연결되는 결론이야? 아니라면 수정본을 만들어서 비교해 줘.

마지막 문장이 좀 더 영감을 주거나 미래 지향적으로 들리게 만들어줘.

마지막 문장을 읽고 사람들이 행동할 수 있는 강력한 메시지를 담게 해줘.

03

IB 과정
제대로 알아보기

앞에서 몇 번 언급되기도 한 IB는 국제 바칼로레아(International Baccalaureate)의 약자로, 전 세계에서 공식적으로 인정받는 국제 교육 체계입니다. 스위스 비영리 기관이 설립했으며, 스위스에 파견된 외교관의 자녀들에게 공통적으로 시행하고 있습니다. 대학에 입학할 수 있는 자격 제도를 포함하고 있으며, 2024년 12월 기준 세계 153개국 5,281개 학교에서 채택하고 있어요.

IB 과정의 가장 큰 특징은 타인에 대한 배려와 존중을 기반으로 스스로 탐구하고 토론하고 연구하도록 수업한다는 점이에요. '자기 주도 학습'이 언제부터인가 우리나라 교육의 주요 관심사가 된 것처럼 IB에서도 자기 주도 학습이 기반이 됩니다.

IB 과정은 보통 초등학교 과정인 3~12세 과정인 PYP(Primary Years Programme), 중학 과정인 11~16세의 MYP(Middle Years Programme), 고등 과정인 17~19세의 DP(Diploma Programme)로 나뉩니다.

초등 과정에는 언어, 수학, 예술, 과학, 인성과 사회성 교육, 체육 등 6가지 영역을 배우고 평가받습니다. 교사가 단순히 지식을 직접 제공하는 것이 아니라 가이드 역할을 해주고 학생들은 자신이 관심 있는 영역을 스스로 디자인하죠.

중학 과정은 언어와 문학, 언어 습득, 사회와 개인, 과학, 수학, 예술(미술), 체육 보건, 디자인으로 구성됩니다. 이때 기본 과정보다는 사회와 개인의 관계를 더 중요시하면서 학습을 디자인합니다. 즉 세계화라는 큰 맥락 아래에서 함께하는 사회, 공존, 글로벌화, 관계를 배우고 봉사나 다양한 체험 활동을 수행합니다. '나'라는 개인에서 '사회'라는 공동체로요.

고등 과정은 모국어, 외국어, 개인과 사회, 수학, 예술, 과학의 6개 영역을 다루고, 이때 학생들은 필수적으로 소논문, 봉사, 지식론을 습득합니다. 이 과목을 보면 단순한 학문적 지식이 아닌 적응, 응용 그리고 공존에 관해 익힌다는 것을 알 수 있죠. 모든 과정이 단 하나만으로 구성되기보다는 서로 연관성을 갖고 연결점이 있습니다.

IB 교육의 가장 큰 목적이자 특징은 비판적 사고를 기르고 학생이 주체가 되는 능동적 수업, 창의력을 스스로 발전시키는 수업이라는 점인데요. IB는 지식의 본질과 한계를 탐구하는 과정인 TOK(Theory of Knowledge), 봉사, 창의, 체육 활동을 통해 균형 있게 성장하는 CAS

(Creativity, Activity, Service), 독립 연구에 관한 4,000자 에세이의 핵심을 다루는 EE(Extended Essay)로 구성됩니다. 그래서 IB 과정에서는 글쓰기의 중요성이 더 강조됩니다.

IB 교육은 '탐구 중심 학습, 개념 중심 학습, 국제적 사고, 성찰과 연결'이라는 교육관을 가지고 있습니다. 그래서 IB 과정에서는 학생이 주체로서 비판적 사고, 창의력 성장의 가장 큰 원동력이 되어야 해요. IB 교육은 단순히 '영어로 잘 쓰기'를 넘어 '왜?'를 묻고 스스로 답을 찾는 탐구형 사고력을 기르는 데 초점을 둡니다. 즉 IB는 아이가 '궁금해하는 것에서 출발'합니다.

탐구 중심 학습

✦

예를 들어 아이는 '사람들은 왜 재활용을 할까?' 혹은 '우리가 버린 플라스틱병은 어디로 갈까?'라는 질문을 던집니다. 그리고 스스로 주제를 좁히고 자료를 찾습니다. 이때 교사나 엄마는 아이에게 정보를 '가르치는 사람'이 아니라 '궁금증에 관해 더 깊이 생각하게 하는 질문자'가 됩니다.

예를 들어 아이에게 다음과 같이 질문해 봅니다. '재활용에 대해 얼마나 알고 있어? 서울에서 플라스틱 쓰레기가 줄어들고 있을까? 아니라면 어떻게 해야 한다고 생각해? 다른 나라에서는 어떻게 하고 있는지 찾아보면 어떨까? 왜 사람들은 재활용이 중요하다고 생각할까?'처럼요.

개념 중심 학습

✦

IB 글쓰기에서는 개념을 중심으로 사고하는 활동이 중요합니다. 사실을 단순히 정의하는 것이 아니라 그 뒤에 있는 '개념'을 찾습니다. 예를 들어 '재사용, 재활용'이라는 개념 아래의 '지속 가능성'을 이해합니다. 또는 '개발이냐 보존이냐'라는 질문에 대한 해답을 찾기도 합니다. 단순히 '플라스틱 줄이기'가 중요하다는 사실을 배우기보다는 '왜 사람들은 편리함을 포기하지 못할까?'라는 질문을 통해 개념을 찾아갑니다.

국제적 사고

✦

IB는 '내 이야기 → 지역사회 → 세계로의 확장'을 중시합니다. 예를 들어 서울의 플라스틱 문제를 보면서 '우리 동네에서 플로깅plogging 캠페인을 한 적이 있어요'나 다른 나라 사례인 '스웨덴에서는 사람들이 쓰레기를 돈으로 바꿔요'라는 사고를 통해 보다 넓은 세상으로 시야를 연결할 수 있습니다.

성찰과 연결

✦

이 부분은 IB에서 가장 어려운 과정이기도 합니다. '○○ 주제 활동을 통해 나는 무엇을 느꼈고, 앞으로 어떻게 행동할까?'를 생각하도록 이끕니다. '이 주제를 배우면서 어떤 걸 느꼈어? 환경을 위해 앞으로 너는 어떤 일을 할 수 있을까? 이걸 배우고 나서 너의 습관 중 바꾸고 싶은 게 있을까? 이 주제가 너에게 왜 중요하다고 할 수 있을까?'라는 질문이 아이 스스로를 돌아보게 합니다.

IB 과정 EE(Extended Essay)의 실제 주제

한국어 주제	영어 주제
캐릭터의 내면세계를 이해하는 과정에서 의상의 역할에 대한 분석	An analysis of costume as a source for understanding the inner life of the character
인도네시아의 영양실조 아동, 이들이 집중 관리된 영양 개선 이후 회복 정도에 관한 연구	A study of malnourished children in Indonesia and the extent of their recovery after a period of supervised improved nutrition
무설탕 껌이 식사 후 구강 내 타액의 pH에 미치는 영향	The effects of sugar-free chewing gum on the pH of saliva in the mouth after a meal

미국 달러 환율 하락은 캘리포니아의 카멜 지역 관광 산업에 어느 정도 영향을 미쳤는가?	To what extent has the fall in the exchange rate of the US dollar affected the tourist industry in Carmel, California?
인간의 귀는 어느 정도 수준의 음악 파일 데이터 압축을 수용할 수 있나?	What level of data compression in music files is acceptable to the human ear?

출처 | https://www.ibo.org

예를 들어 '친절은 왜 강력한 힘을 발휘하는가?'라는 주제에서는 '왜'라는 질문을 많이 생각해야 합니다. '사람들은 왜 친절한 행동을 할까?', '친절한 행동이 세상을 바꿀까?', '바꾼다면 어떻게 변화시킬까?'처럼 질문이 꼬리를 물어야 합니다. 이 주제는 결국 사회, 인성 그리고 감정 부분을 모두 연결해서 표현하게 만들죠.

결론적으로 IB 과정은 탐구와 비판적 사고, 창의적 접근의 기반을 이룹니다. 글로벌한 이슈와 세계 속에서 타인에 대한 배려와 이해, 즉 다른 세계관을 받아들이면서 열린 사고를 넓혀가는 과정의 교육이죠. 이러한 학습은 문제 해결을 위한 정답을 찾기보다는 '생각하는 사람'으로서 현상 뒤의 원인, 가치, 윤리적 의미를 탐구하는 과정입니다.

04

IB 과정의 글쓰기 단계 및
엄마표 지도 실천법

IB 과정이 어렵다고 엄마표 글쓰기 지도를 포기할 순 없습니다. 간단한 과정을 통해 엄마가 IB 교육의 글쓰기를 지도하는 방법은 다음과 같습니다.

첫째, 생각 깨우기

✦

글쓰기의 시작에서는 '아이의 생각을 깨우는 시간'이 확보되어야 합니다. 아이 머릿속에는 글이 될 수 있는 상상, 경험들이 숨어있으므로 그걸 끌어내야 합니다. 이때는 그림, 일상의 대화, 책, 사진, 간단한 질문, 음악 한 곡 등과 같이 다양한 방법들을 동원하세요. 예를 들어 아이에게 이렇게 물어보세요.

'오늘 너를 웃게 만든 일은 뭐였어?'

'이 그림 속 아이는 무슨 기분일까?'

'이 음악을 들었을 때 뭐가 가장 먼저 떠올랐어? 혹은 어떤 사람이 생각났어? 왜 그랬을까?'

이렇게 간단한 질문 하나로 아이의 감정과 생생한 기억이 살아납니다. 준비 단계의 핵심은 문장을 쓰기보다 생각을 말로 꺼내는 것입니다.

둘째, 읽기 및 아이디어 찾기

✦

읽기는 단순히 이해를 위한 게 아니라 글의 소재와 언어를 흡수하는 과정이에요. 예를 들어 '도움을 주는 일(Helping Others)'이라는 주제로 글을 쓴다면 '도움'이 주제인 짧은 이야기나 기사 한 편을 같이 읽는 것으로 시작해요. 아니면 사람들을 도와주는 사진 등을 볼 수도 있습니다. 홍수가 난 곳에서 개가 사람을 구해주는 기사 사진 등을 보여줘도 됩니다.

'이 이야기에서 주인공이 배운 건 뭐였을까?'

'너라면 그 상황에서 어떻게 했을까?'

이렇게 아이한테 묻는 것만으로도 아이는 '자신의 생각'을 글로

옮길 준비를 하게 됩니다.

셋째, 생각 나누기

✦

본격적으로 글을 쓰기 전에 말로 생각을 정리하는 단계입니다. 아이와 마주 앉아 대화하듯 이야기해 보세요.

'그때 누가 있었어?'

'무슨 일이 일어났어?'

'그 일은 왜 중요했어?'

아이의 말과 생각이 곧 글이 되기 때문에, 말하기 단계는 글쓰기의 전초 단계입니다. 이때 엄마는 문법을 고쳐주는 대신, 아이의 이야기에 호기심을 보여주는 게 좋아요.

넷째, 문법과 어휘 배우기

✦

아이의 글에 필요한 영어 표현이나 문법을 배우는 시간입니다. 예를 들어 이야기 순서를 쓰려면 'First, Then, Finally'를, 감정을 표현하려면 'I felt happy, sad, scared' 같은 표현을 배웁니다. 글을 구성하기 위해 '어떤 문장, 어떤 표현'이 필요한지를 찾아봅니다.

이 시간은 단순하게 규칙을 외우는 게 아니라 '내 글에 쓸 표현을 연습해 보는 실습 시간'이에요.

장단점을 표현해야 한다면 반대 상황을 표현하는 말이나 '더 좋은, 더 높은' 등의 비교 표현을 익혀야 하며, 과거-현재를 비교하려면 과거 시제와 현재 시제를 알고 있어야 하겠죠. 또는 과거부터 현재까지를 비교하며 묘사하는 글을 쓰려면 현재완료 시제도 알아야 합니다. 그래야 과거부터 현재까지의 묘사를 연결해서 표현할 수 있습니다.

다섯째, 다양한 브레인스토밍으로 생각 정리하기

✦

이제 아이디어를 시각적으로 정리합니다. 종이에 원을 그리고 중심에 주제를 쓰고, 주변에 인물, 장소, 사건, 느낌 등을 화살표로 연결해 보세요. 예를 들어 '최고의 하루(The Best Day)'라는 주제라면 '친구 ○○, 공원, 축구, 피곤했다, 하지만 행복했다' 등의 단어들을 채워 넣을 수 있습니다. 이 단어들 모두 '최고의 하루'의 글감입니다.

여섯째, 글쓰기 시간

✦

브레인스토밍에서 잘 정리한 초안을 바탕으로 이제 아이가 직접 써 보는 단계입니다. 보통 3~4학년은 2~3단락 정도, 5~6학년은 5단락 (서론-본문-결론) 구조로 쓸 수 있어요.

이때 엄마표 글쓰기의 핵심 지도는 틀을 알려주는 것입니다. '첫 문장은 주제 문장, 가운데는 예시나 이유, 마지막은 마무리 문장'이라고 제시해 주세요.

일곱째, 함께 쓰기에서 혼자 쓰기

✦

처음엔 엄마와 함께 쓰기를 합니다. 그리고 아이가 엄마의 예시 문장들을 보고 그대로 쓰거나 그 안에서 한두 단어를 바꿔봅니다. 이후 첫 부분만 제시된 문장 뒤를 완성해 봅니다. 혹은 완성된 뒤의 문장과 적절하게 연결되는 첫 부분을 씁니다. 마지막에는 아이가 초안부터 스스로 쓰는 것에 도전하도록 합니다.

여덟째, 문장과 단락 다듬기

✦

글이 완성되면 중심 문장이 잘 드러나는지, 필요한 표현들이 있는지 확인합니다. 이때 엄마는 아이에게 묻습니다.

'이 단락의 중심 생각은 뭐야?'

'글이 자연스럽게 연결되니?'

'필요한 어법이나 어휘는 충분하니?'

엄마가 가져야 할 태도는 엄마가 질문하며 아이 스스로 문단 구조를 점검하도록 도와주는 것입니다.

아홉째, 성찰과 피드백

✦

글쓰기의 진짜 마무리는 '무조건 고치기'가 아니라 '성찰'입니다. 많은 수정과 열린 질문을 거치면 글의 완성도가 훌륭해질 수 있습니다.

엄마는 이제 아이에게 물어보세요.

'이 글을 쓰면서 어떤 걸 배웠어?'

'다시 쓴다면 무엇을 바꾸고 싶어?'

엄마는 '틀린 부분'을 지적하기보다 '이 부분 참 따뜻하게 썼네', '여기 더 자세히 설명하면 좋을 것 같아' 이런 식으로 칭찬과 제안을 일대일로 섞어주세요.

피드백할 때는 칭찬부터 말하는 것이 중요합니다. '이 글은 ~한 점이 좋아. 이 부분 표현도 너무 흥미롭고' 이렇게요. 그 뒤에 고쳐야 할 부분을 지적하는 것이 아닌 '제안'을 해주세요. '~한 부분이 조금 어색한데 다른 문장 구조를 살펴볼까? 이 어휘를 써보는 것은 어때?' 라고요. 고치는 것이 아니라 '제안하고 함께 찾는 활동'이 아이에게 가장 큰 재미를 주고 동기를 부여합니다.

열째, 연결하기

✦

IB의 이념인 연결과 융합처럼 글을 아이의 삶과 세상과 연결하는 단계입니다. 글의 주제를 실제 경험이나 사회적 이슈와 연결해 보면 아이의 사고가 깊어집니다.

예를 들어 환경 관련 주제라면 '우리 동네에서도 플라스틱 줄이기 캠페인을 하고 있을까?', '다른 나라에서는 어떻게 환경을 지키고 있을까?', '이 글의 내용을 친구에게 편지로 써볼까? 다른 친구들은 어떻게 생각할까?' 등처럼 아이의 글과 이웃, 세상을 연결해 주는 시간을 만들어주세요. 어렵지 않게 아이의 글이, 사고관이 변화합니다. 글은 단순한 문장의 기술이 아니라 '생각을 표현하는 과정'임을 이 책을 통해서 꼭 경험해 보시길 바랍니다.

05

영알못 엄마의 영어 글쓰기 지도, 챗GPT 200% 활용법

영어 교육과 글쓰기에서 꼭 기억할 것은 챗GPT는 수단이자 도구라는 점입니다.

챗GPT는 우리가 많은 시간을 들여서 찾아야 할 자료를 쉽게 찾고, 애매모호한 주제도 정확히 분석합니다. 챗GPT를 활용하면 다양한 생각이나 글쓰기 재료를 접할 수 있어요. 불가능할 것 같은 엄마표 영어 글쓰기도 가능하게 해줍니다.

여기서 중요한 것은 챗GPT를 사용하는 데 명확한 기준이 있어야 한다는 거죠. 먼저 아이와 엄마는 모국어로 서로의 생각을 충분히 묻고 대답해야 합니다. 여기서 영어 실력은 중요하지 않아요. 영어가 부족하다면 챗GPT로 번역을 할 수도 있고 다양한 번역 기능을 가진

사이트나 애플리케이션의 도움을 받을 수도 있습니다.

　아이가 쓴 문장을 챗GPT에 입력한 다음, 다음과 같이 질문해 보세요.

이 문장을 영어로 번역해 줘.

　혹은 아이 연령과 수준에 맞는 글을 번역하라고 정확하게 요청해 보세요.

이 문장을 10살 수준으로 간단하게 번역해 줘.

글쓰기 대회에 어울리도록 이 문장을 더 수준 높게 다듬어줘.

오늘의 아이 일기를 영어로 써줘.

무엇보다 주제에 맞게, 글의 종류에 맞게, 아이 수준에 맞게 챗GPT를 사용하는 것이 중요합니다. 그리고 아이의 모국어가 잘 성립되는 것도 중요합니다.

글쓰기의 모든 과정에서 가장 중요한 원칙은 챗GPT의 답변을 바로 아이에게 직접적으로 전해주지 않는 것입니다. 챗GPT를 남용하면 아이가 생각을 확장시키지 못하고 오히려 수동적으로 변할 수 있습니다. 질문하면 즉석에서 답이 나오는 것에 익숙해져서 생각하기 귀찮아하는 아이가 되길 바라는 부모는 없을 것입니다.

다음은 챗GPT로 할 수 있는 대표적인 엄마표 영어 글쓰기 방법 예시입니다.

'무엇을 써야 할지, 어떻게 아이를 지도해야 할지, 문장과 어휘를 어떻게 선택할지' 등 가장 어려운 질문 3가지와 관련해 엄마가 적용할 수 있는 해결책을 제시했어요.

첫째, 글감 찾기 활동

✦

글쓰기에 쓸 재료, 즉 글감을 찾는 것은 브레인스토밍에 익숙해지면 충분히 잘할 수 있는 활동입니다. 하지만 아이들은 '어떻게 쓸까?' 이전에 '무엇을 쓸까?'에 대해서 더 많이 걱정하고 어려워해요. 엄마가 챗GPT를 사용할 때의 공통적인 기준은 '세밀하고 명확하게 사용자(글을 써야 하는 아이)에 대해 알려주고, 동시에 읽는 독자가 누구이며 어떤 목적으로 쓸 것인지를 명확하게 설정'하는 것입니다.

　예를 들어 자기소개 글을 쓴다고 해볼게요. 이름, 나이, 취미, 좋아하는 음식, 옷, 색깔, 계절, 과목 등 '나'란 주제에 대해서 무수히 많은 브레인스토밍을 할 수 있습니다. 이제 챗GPT에게 성격, 잘하는 것, 좋아하는 것, 싫어하는 것 등으로 비슷한 주제나 성격을 분류해 달라고 해주세요. 혹은 그중에서 좀 더 세분화해 성격을 분석해 달라고 합니다. 예를 들어 '아이 본인이 생각하는 성격, 남들이 보는 성격을 나누기' 또는 '가장 이상적인 성격과 그 이유, 고치고 싶은 성격과 이유' 등으로요. 이렇게 뭘 써야 할지 모를 때 가장 쉽게 활용할 수 있는 것이 챗GPT입니다.

　더 정확한 답변을 받으려면 아이의 나이, 수준이나 '평소 어떤 종류의 책을 좋아한다, 어떤 분야를 어려워한다' 등의 자세한 조건이나 상황을 반드시 알려주세요. 그리고 '글감을 통해서 어떤 글을 쓸 것이다'라고 미리 제시해 주면 그만큼 자세한 답변이 나올 수 있습니다. 질문을 잘게 세분화할수록 답변이 구체적으로 바뀝니다.

　'글감을 찾아줘'보다는 '숙제의 중요성에 대한 글감을 찾아줘. 이 글은 12세 초등학생 대상의 글이야. 특별히 숙제의 다양한 효과를 보여주면서 숙제의 긍정적 영향을 알려주는 정보성 글이 되게 글감을 찾아줘'라는 질문이 원하는 답변을 훨씬 제대로 만들어주겠죠?

　엄마는 다음과 같이 챗GPT에 질문할 수 있습니다.

소풍이란 주제로 글을 쓸 거야. ○○로 쓸 수 있는 글감을 ○○ 대상으로 찾아줘.

평소 야외 활동을 좋아하는 5학년 남자아이가 소풍이란 주제로 글을 쓸 거야. 소풍의 좋은 점과 가장 인상 깊었던 내용을 전달할 수 있게 글감을 찾아줘.

친구들과 운동하는 것을 좋아하는 11세 남자아이, 글쓰기 초보가 쓸 수 있는 간단한 일기 글감 3개를 찾아줘.

영어 글쓰기를 이제 막 시작해서 기본 문장만 쓸 수 있는 12세 여자아이가 쉽게 쓸 수 있는 익숙한 글감 ○○개 찾아주고, 시작할 수 있는 예시 문장도 만들어줘.

둘째, 문장 확장하기

✦

보통 학생들은 '나는 ~을 좋아한다/싫어한다, 나는 ~을 했다, 나는 ~을 한다, 나는 ~할 수 있다/없다, 나는 ~을 할 것이다'라는 문장을 쓰곤 합니다.

즉 모든 문장이 나로 시작해서 나로 끝나고 단순히 '누가 ~을 했다'라는 구조를 갖게 됩니다. 그런데 이런 형식의 문장을 매번 단조롭게 쓸 수는 없잖아요.

'내가 ~을 했다'라는 단순한 문장을 확장하려면 첫 번째로 '이유, 그 행동을 하게 된 추가 상황'을 설명하면 됩니다.

'나는 친구들과 축구를 했다'라는 기본 문장을 살펴보겠습니다. 여기에는 주인공인 '내가 무엇을 했다'라는 정보만 전달되었어요.

이 문장에 축구를 했던 상황 정보를 덧붙입니다. 보통 장소와 시간이 나오게 됩니다. 장소에 관한 정보도 처음에는 단순하게 공원이라고 말할 수 있습니다. 하지만 '그 공원은 우리 집에서 10분 거리에 있고 내가 자주 가는 곳이다'라는 추가 정보를 쓸 수 있어요. '오후에 축구를 했다'라는 문장에서도 오후라는 시간을 더 자세하게 묘사할 수 있어요. '가장 더웠던 시간, 혹은 어제보다 흐렸던 날, 처음에는 더웠는데 점점 시원해졌다' 등처럼요.

이제 이 문장에는 왜 축구를 했는지가 나와 있지 않으니 '이유'에 대한 문장을 추가해 봅니다.

'나는 친구들과 [시간], [장소]에서 축구를 했다. 왜냐하면 우리는 축구 대회에 나가야 하기 때문이다'라는 문장을 연결할 수 있어요.

이렇게 2개 이상의 문장이 만들어지면 '왜냐하면, 그리고, 그러나' 등의 연결어를 활용할 수 있습니다. 혹은 앞의 두 문장을 '우리가 축구 대회에 나가야 하기 때문에 친구들과 [시간], [장소]에서 축구를 했다'라는 한 문장으로 표현할 수도 있습니다. 단순한 문장에 '축구 대회 때문에 축구를 했다'라는 이유, 목적의 설명이 추가되었습니다.

사실적인 내용을 표현한 후에는 의견이나 느낌을 추가합니다. 예를 들어서 축구 대회에 나가는 마음가짐이나 느낌 등입니다.

'다음 주에 다른 반과 축구 대회를 해야 한다. 그래서 나는 내 친구들 [친구 이름]과 [시간], [장소]에서 축구를 [○시간 동안] 했다. 연습을 열심히 하고 나니 대회에서 우승할 수 있을 것 같다. 엄청 기대된다 [느낌, 감정]'란 문장으로 길어진다는 것을 확인할 수 있습니다.

즉 주어와 동사로 이루어진 단순한 문장에서 추가적인 정보를 말하고 그 문장을 쓰게 된 이유를 설명합니다. '그리고, 그러나, 그래서, 왜냐하면, ~한 후에, ~하지 않는다면'과 같은 연결어로 문장을 연결해 줍니다. 마지막으로는 자기 느낌, 의견, 계획 등을 말한다면 아이들의 문장은 다양한 형식과 표현을 갖출 수 있어요.

이때 엄마는 문장 연결을 위한 '조건어'를 챗GPT에 물어봅니다.

질문 예

일기 쓸 때 사용하는 시간 순서 연결어 3개를 알려줘.

'and 말고 사용할 수 있는 연결어'로 문장을 시간 순서에 따라 완성해 줘.

'반전을 나타낼 때 사용할 수 있는 초등학생용 연결어' 3개를 알려주고 각 예문을 보여줘. 이 문장 안에 들어가면 어떻게 되는지 직접 수정본을 완성해서 보여줘.

글쓰기 확장에 필요한 연결어 (순서)

한국어	영어	쉬운 예문
먼저	first / first of all	**First**, I got up early. (먼저 나는 일찍 일어났어요.)
다음에	next / then	**Next**, I brushed my teeth. (다음엔 이를 닦았어요.)
그리고 나서	after that	**After that**, I had breakfast. (그다음에 아침을 먹었어요.)
마지막으로, 드디어	finally / at last	**Finally**, I went to school. (마지막으로 학교에 갔어요.)
하루 동안	during the day	**During the day**, I studied and played. (하루 동안 공부하고 놀았어요.)

글쓰기 확장에 필요한 연결어 추가(덧붙이기)

한국어	영어	쉬운 예문
그리고	and	I like apples **and** bananas. (나는 사과랑 바나나를 좋아해요.)
또한	also / too / as well	I like drawing. I **also** like singing. (나는 그림 그리는 걸 좋아해요. 노래도 좋아해요.)
게다가, 그뿐 아니라	besides / in addition	**In addition**, I can dance well. (게다가 나는 춤도 잘 춰요.)

글쓰기 확장에 필요한 연결어 이유, 원인

한국어	영어	쉬운 예문
왜냐하면	because	I was happy **because** I met my friend. (친구를 만나서 행복했어요.)
~ 때문에	since / as	**Since** it rained, we stayed home. (비가 와서 집에 있었어요.)
그래서	so	It was cold, **so** I wore a jacket. (추워서 재킷을 입었어요.)

글쓰기 확장에 필요한 연결어 (같거나 다른 점 비교)

한국어	영어	쉬운 예문
하지만	but / however	I like summer, **but** my brother likes winter. (나는 여름을 좋아하지만, 동생은 겨울을 좋아해요.)
반면에	on the other hand / whereas	Cats are quiet. **On the other hand**, dogs are noisy. (고양이는 조용한 반면, 개는 시끄러워요.)
비슷하게, 이와 같이, 유사하게도, 같은 방식으로	similarly / likewise / in the same way	My friend likes reading. **Similarly**, I like books too. (내 친구는 책 읽는 걸 좋아해요. 나도 그래요.)

글쓰기 확장에 필요한 연결어 (결론)

한국어	영어	쉬운 예문
그래서	so / therefore	I studied hard, **so** I got a good grade. (열심히 공부해서 좋은 점수를 받았어요.)

그 결과	as a result	**As a result**, I was proud of myself. (그 결과, 내 자신이 자랑스러웠어요.)
결국	in the end / finally	**In the end**, we became friends. (결국 우리는 친구가 되었어요.)

글쓰기 확장에 필요한 연결어 (예시)

한국어	영어	쉬운 예문
예를 들어	for example / for instance	**For example**, I love sports like soccer. (예를 들어 축구 같은 운동을 좋아해요.)
특히	especially	I like fruits, **especially** strawberries. (나는 과일을 좋아해요. 특히 딸기를 좋아해요.)

글쓰기 확장에 필요한 연결어 (강조)

한국어	영어	쉬운 예문
사실은	in fact / actually	**In fact**, it was my first time. (사실 그건 내 첫 번째 경험이었어요.)

정말로	really / indeed	It was **really** fun! (정말 재미있었어요!)
무엇보다도	most of all	**Most of all**, I was happy. (무엇보다도 행복했어요.)

글쓰기 확장에 필요한 연결어 대조적 상황, 바뀔 때

한국어	영어	쉬운 예문
그러나	however	I was tired. **However**, I finished my homework. (피곤했지만 숙제를 끝냈어요.)
그럼에도 불구하고	even though / although	**Even though** it rained, we played outside. (비가 왔지만 밖에서 놀았어요.)

셋째, 다양한 부분에서 확인하고 질문 추가하기

마지막으로 '구성이 주제에 맞는지, 중심 문장이 명쾌한 뜻을 전달하는지, 뒷받침하는 문장이 적절한지 아닌지, 문장이 지나치게 개인적인 이야기만 하고 있는지? 글의 종류나 목적이랑 잘 맞는지? 브레인스토밍에서 더 많은 질문 활동을 해야 하는지 아닌지, 첫 시작이 제대로 되었는지 아닌지' 등의 질문들을 챗GPT에 할 수 있습니다.

엄마 역시 글쓰기를 어려워할 수 있고 전문가가 아니기에 챗GPT가 확인하도록 하면 좀 더 객관적인 피드백을 받을 수 있죠. 그리고 단순하게 점검만 하는 것이 아니라 챗GPT의 피드백을 바탕으로 좀 더 나은 문장이나 어휘를 제시해 달라고 추가로 요청할 수 있어요.

이렇게 제시된 해결 방안을 가지고 아이와 이야기를 나눠봅니다.

'이 문장에서는 좀 더 다양한 형용사로 어떤 느낌인지 말해보는 것이 좋다는데, 너는 어떻게 생각하니?'

'챗GPT는 다음 단어를 알려줬어. 그냥 '큰'이란 단어보다는 '크고 둥근(big and round)'이라고 해보라는데, 한번 해볼까? 이 단어를 쓰면 어떨 것 같아?'

'열심히 했다보다는 '~을 위해서 ○시간 동안 집중했다'라는 문장이 더 좋다는데, 이런 식의 자세한 설명 문장을 연습해 볼까?'

이처럼 엄마표 영어 글쓰기 지도에서 챗GPT는 단순하게 답하는 것이 아니라 학원에서 할 수 없는 열린 질문과 생각을 하게 만드는 역할을 해주죠. 이런 반복 연습이 결국 아이들의 사고력을 키워주고, 아이는 스스로 답을 찾아보며 IB가 원하는 인재가 될 수 있습니다.

다음은 엄마가 아이와 챗GPT로 할 수 있는 대표적인 '질문 확인 활동 예시'입니다.

① 영어 원서 리딩 지수 분석하기 및 글쓰기

엄마들은 단순하게 아이의 영어 원서 지수를 평가받아 놓고 어떻게 영어 글쓰기로 연결해야 할지 모르는 경우가 많습니다. 원서 리딩 지수가 절대적 기준은 아니지만 이것을 바탕으로 영어 글쓰기 수준을 나눠볼 수 있어요. 아이에게 알맞은 영어 글쓰기 활동도 함께 추천해 달라고 챗GPT에 질문하고 아이와 시작해 보세요. 이때 학년, 연령대를 추가로 물어보는 것이 중요해요. 짧은 글, 설명이 풍부한 글처럼 원하는 글의 종류를 제시해 주는 것도 좋아요.

특히 책을 읽으면서 할 수 있는 질문, 참이나 거짓을 묻는 질문, 주관식 혹은 객관식 질문을 만들어달라고 할 수 있습니다. 아이가 초급 수준이라면 초급에 맞는 책 읽기 전 질문을 만들고 활용해 봅니다. 이런 활동들은 엄마가 실제로 하기에는 어렵거나 시간이 많이 걸리는 부분이니 챗GPT를 활용해 보세요. 이때 모범 답안도 함께 알려달라는 말도 잊지 마세요.

질문 예(읽기편)

이 리딩(렉사일)수준 약 400에 적합한 초등 4학년 아이용 쓰기 활동을 제안해 줄래?(렉사일, AR, SR은 학생들의 읽기 능력을 측정하는 기준 지수입니다.)

렉사일 450 수준의 이야기를 읽은 후 아이가 할 수 있는 후속 쓰기 과제는 어떤 것이 있을까? 단순한 독서록 말고 다양한 종류별 예시를 알려줘.

초급 독자의 이해도를 확인하기 위한 '읽는 중' 질문 2가지를 알려줘.

이 글을 바탕으로 참/거짓 질문 5개를 만들어줘. 그리고 모범 답안도 함께 제시해 줘.

이 이야기(스토리)를 바탕으로 객관식 질문 3개를 만들어줘. 각 문항에는 선택지 4개와 정답을 포함해 줘.

이 이야기를 읽은 후 아이가 빈칸에 알맞은 단어를 채워 넣는 문장 연습을 할 수 있게 해줘.

아이가 이야기(스토리)에 대해 자신의 의견을 표현할 수 있도록 유도하는 글쓰기 활동 문장을 만들어줘.

이 글에서 중요한 단어 5개를 골라 어린이 [아이가 어떤 성향인지 입력] 눈높이에 맞게 쉽게 설명해 줘.

② 문법 검사 및 오류 확인

사실 아이들은 영어 문법이 취약한 경우가 많아요.

영어 글쓰기를 하면서 지나치게 문법에 신경 쓰면 오히려 좋은 글에 방해가 됩니다. 하지만 최종적인 좋은 글, 아카데믹한 에세이를 쓰기 위해선 정확한 문법도 필요하죠.

이런 부분에 대해서 엄마가 너무 고민하지 말고 챗GPT로 문법 오류를 검사하고 확인해 보세요. 문법 검사를 한 후에는 부족한 부분을 확인할 수 있도록 비슷한 유형의 연습 문제를 만들어달라고 질문합니다. 예를 들어 여행을 다녀와서 쓴 기행문에서는 동사의 과거-현재-미래 시제를 중점적으로 연습하고, 아이 생일 등을 묘사하는 글에서는 꾸며주는 형용사나 부사를 연습할 수 있도록 활용합니다.

질문 예(문법편)

문법, 어휘, 스타일 측면에서 글을 교정해 줘. 오류를 표시하고, 수정된 문장도 함께 제시해 줘.

이런 오류를 되풀이하지 않도록 비슷한 종류의 문법 연습 문장을 ○개 만들어줘.

③ 다양한 어휘 선택

문장에 맞는 적절하고 다양한 어휘를 엄마가 모두 알려주기에는 한계가 있어요. 그래서 엄마표 영어 글쓰기에서 반드시 챗GPT를 활용하라고 권하고 싶어요.

글 전체에 '좋은(good)'이 너무 많이 반복되었다면 챗GPT에 이렇게 묻습니다.

질문 예(어휘편)

이 단어의 사용이 적절해? 적절하지 않다면 다음 문장에 맞는 단어를 알려줘.

- -

good 대신 '좀 더 강한, 유용한, 흥미를 끄는' 등의 자세한 요구 사항을 넣어서 다른 단어를 찾아주고, 활용해서 쓴 문장 예시를 만들어줘.

이때 아이가 영어 단어를 올바로 익힐 수 있도록 단어의 사용법, 뜻, 예문들도 함께 챗GPT에 요청하는 것이 좋아요.

이 글에서 중요한 단어 5개를 골라 어린이[아이의 성향 입력] 눈높이에 맞게 쉽게 설명해 줘.

이 문장에 상태를 나타내는 형용사 3개를 추가해서 조금 길게 만들어줘.

아이들이 자주 쓰는 단어 대신 더 풍부한 표현으로 바꿔줘. 예를 들어 일상생활에서 쓰는 단어로.

글쓰기(에세이)에 어울리는 단어로 이 문장을 바꿔줘. 아카데믹한 동사 3개를 추가해 줘.

이 문장이 자연스럽게 들리게 바꿔줘. 특별히 동작을 나타내는 동사의 흐름이 연결되도록.

④ 셀프 피드백하고 수정하기

마지막으로 엄마는 아이가 스스로 자신의 글을 읽고 피드백할 수 있도록 확인 점검표를 만들어달라고 챗GPT에 요청합니다. 이 과정은 아이의 논리적 사고력, 문장력, 그리고 문법 감수성을 기르는 데 매우 효과적이에요. 아이가 단순히 글을 쓰는 데 그치지 않고, 자신의 글을 돌아보고 평가하는 능력을 키우는 것이 엄마표 영어 글쓰기 지도의 핵심이기 때문이죠. 셀프 피드백할 때는 초급, 중등과 같이 난이도별 확인 점검표를 만들어달라고 챗GPT에 요청하세요. 아이 수준에 더 맞는 질문들이 나오게 됩니다.

아이가 직접 할 수 있는 셀프 피드백 확인표 `초급`

항목	점검했나요?(v)
① 문장을 대문자로 시작했나요?	
② 문장 끝에 마침표(.)를 찍었나요?	
③ 주어(S)와 동사(V)가 빠지지 않았나요?	
④ 내가 말하고 싶은 것이 한 문장 안에 들어갔나요?	
⑤ 단어를 띄어쓰기했나요?	
⑥ 내가 쓴 문장이 말로 읽었을 때 자연스러웠나요?	
⑦ 내가 쓴 단어의 철자가 올바른가요?	

이 활동을 할 때 체크리스트를 바탕으로 엄마가 아이에게 다음과 같이 질문해 보세요. '이 문장을 네가 다시 읽어볼래?', '혹시 빠진 단어가 있을까?' 등으로 자연스럽게 질문하면 아이가 자신감이 저하되지 않고 스스로 확인해 볼 수 있습니다. 문장의 기초 쓰기, 철자 등의 가장 기본적인 확인 작업이 이때 주로 일어납니다.

중급용 확인 점검표는 초등 5~6학년 또는 문단 쓰기를 시작한 단계에 적용합니다. 중급 수준 아이들에 대한 피드백에서 중요한 것은 '이 문장을 뒷받침하는 이유 2가지는 뭐지?', '어떤 단어를 바꾸는 것이 좋지?'처럼 구체적인 의견을 제시해야 한다는 점이에요.

아이가 직접 할 수 있는 셀프 피드백 확인표 (중급)

항목	점검했나요? (∨)	아이에게 할 수 있는 예시 질문들
① 문단이 주제 문장으로 시작되었나요?		나는 여름을 좋아해. 왜냐하면~.
② 뒤의 문장들이 주제를 뒷받침하고 있나요?		예시나 이유가 있어?
③ 연결어(first, then, also, so, because) 등을 사용했나요?		사용한 연결어를 표시해 봐.
④ 동일한 단어를 반복하지 않고 다른 표현을 사용했나요?		'good' 대신 다른 단어를 사용해 보자.

⑤ 문장 순서가 자연스럽고 논리적인가요?	순서가 바뀌면 이상해질까?
⑥ 문장마다 시제(과거/현재)가 일관성 있게 사용되었나요?	혼합된 시제가 있어?
⑦ 글 전체에 내 생각이나 느낌이 잘 드러났나요?	감정 단어를 써보았어?

중급 단계의 체크리스트를 확인한 후에는 확인한 부분을 적용해서 고치고 다시 써볼 수 있게 해주세요. 피드백을 아무리 많이 받아도 그것을 바탕으로 다시 쓰기를 하지 않으면 글쓰기는 쉽게 개선될 수 없습니다. 그리고 쓴 후에는 반드시 예전 글과 비교해서 읽어보고 차이점을 찾아보게 해주세요.

영어 쓰기를 두려워하는
아이를 돕는 방법

+ +

영어 글쓰기 초보 아이들의 공통적인 고민은 '글쓰기가 싫어요. 손이 아파요'입니다. 참 아이들다운 고민입니다.

그림 활동과 연계된 글쓰기

✦

글쓰기를 어려워하거나 싫어하는 아이들에게는 무조건 '그림 묘사하기 활동'을 해주셔야 합니다. 단순한 그림을 보고 묘사하는 연습, 그림이나 사진을 보고 하나의 단어로 압축하는 연습, 그림을 보고 다음 상황 예측해 보는 연습 등 다양한 활동이 가능합니다.

　주변에서 흔히 구할 수 있는 영어 원서, 그림책 이미지도 좋고 집에서 구할 수 있는 한국어책도 좋아요. 사진 설명 글(photo caption)은 사진을 짧고 간결하게 설명하는 글인데요. '누가, 어디서, 무엇을, 왜' 하고 있는지를 단순하게 표현한 것이에요.

76

예를 들면 '내 친구들이 공원에서 쓰레기를 줍고 있어요(My friends are picking up trash in the park)'나 '이 사진은 강의 더러운 물을 보여줘요(This picture shows dirty water in the river)' 등이 있어요. 사진이나 그림을 보자마자 한두 문장으로 설명할 수 있는 관찰력, 문장 요약 능력을 기르면서 글쓰기 자체의 부담을 덜 수 있어요. 이때 사용할 사진은 애매하거나 미스터리하기보다는 실제 건물, 물건, 사람 등을 촬영한 것이 좋습니다. 그래야 직관적으로 설명할 수 있어요.

사진 설명, 사진 묘사 등은 영어 말하기 시험, 국제학교 입학시험, 글쓰기 시험에 단골로 등장합니다. 짧은 시간 안의 문장 구성력, 어휘 등을 평가할 수 있기 때문이죠. 엄마표로 꾸준하게 연습해 보기를 추천드립니다.

묘사하는 글을 알려줄 때 주의점은 묘사 대상으로 쉽고 구체적인 것을 선택해야 한다는 것입니다. '빨간 사과, 10층 높이의 붉은 색 벽돌의 건물, 나의 엄마' 등처럼 '친숙하고 구체적인 사실적 이미지'로 시작하세요. 그 후에 1개의 구체적 사물(사람)에서 여러 명, 마지막에는 배경만 있는 이미지로 활동 수준을 높여주세요.

이 단계를 마치면, 엄마가 그림에 대해서 설명한 것을 아이가 직접 그려볼 수도 있고, 반대로 아이 설명을 듣고 어떤 그림인지를 맞혀 보는 등 재미있게 글쓰기 놀이를 할 수 있습니다. 글쓰기가 어렵다는 편견을 바꿀 수 있겠죠?

묘사하는 글쓰기를 엄마가 지도할 때는 좀 더 자세한 위치, 방향, 그리고 글을 쓰는 순서에 집중해 주세요. 아이들은 대개 '~가 있다. ~

에 있다'라는 간단한 문장을 쓰곤 합니다. 그럼 '~의 앞에, ~코너에, 옆면에, 오른쪽에, 중앙에'처럼 정확한 방향을 표현하게 하세요. '1개, 1명, 여러 명, 많은, 적은' 등의 수량도 표현하게 해주세요.

묘사 방향을 통일해야 한다는 것도 알려주세요. 아이들은 보이는 대로 순서 없이 쓰는 경우가 대부분이거든요. 오른쪽에 보이는 것을 썼다가 갑자기 뒷면에 보이는 것을 표현하기도 하고요. 가장 바람직한 순서는 그림이나 사진에서 제일 처음 눈에 들어오는 것으로 시작해서 좁혀가는 것입니다. 그게 아니라면 중심에서 외부로 확장하거나 오른쪽에서 왼쪽으로(왼쪽에서 오른쪽으로), 위에서 아래로, 아래에서 위로 일관된 순서로 묘사해야 합니다.

모양, 색깔 등도 가능한 한 자세하게 설명합니다. 사물이나 사람을 묘사한 마지막 부분에는 전체적인 자신의 느낌, 의견을 표현해야 합니다. 예를 들어 '꽃무늬 셔츠를 입은 2명의 여자아이가 나무 옆에서 이야기하고 있다. 1명은 키가 크고 검은색 단발머리이고 다른 1명은 상대방보다 키가 5cm 정도 작다. 머리는 긴 생머리이고 안경을 끼고 있다. ~한 옷을 입고 있다. 얼굴의 미소를 보니 행복해 보인다'의 경우 사실적인 묘사 이후 의견, 감정을 표현했습니다.

또는 '나는 ~을 볼 수 있다'를 뜻하는 'I can see…'라는 단순한 문장을 '~도 보인다'라는 수동의 의미로도 바꿀 수 있음을 알려주세요. 다양한 문장을 연습할 수 있습니다. 예를 들어 '나는 나무를 볼 수 있다'에서 '오른쪽에 있는 5그루의 나무도 보인다'라는 것으로요.

책 읽기 활동으로 글쓰기 확장하기

✦

누구나 알고 있고 누구나 할 수 있는 것이 바로 책 읽기 활동입니다. 단어 하나만 있는 그림책도 좋고, 단어나 글이 없는 책도 좋아요. 오히려 상상력을 총출동시킬 수 있으니까요.

이때 꼭 영어책만 읽지 않아도 됩니다. 가능한 한 처음에는 아이가 좋아하는 종류로 접근해서 짧은 글부터 시작해 주세요. 한글 책으로 시작해서 다양한 종류로 확대해 나가는 것도 추천합니다.

책의 중요성은 아무리 강조해도 지나치지 않죠. 결국 영어 에세이를 잘 쓰려면 아이의 사고력을 뒷받침해 줄 글을 쓸 수 있는 재료가 다양하고 풍부해야 하죠. 그 재료는 비판적 사고력, 창의력 훈련 등으로도 만들 수 있지만 꾸준한 독서 활동이 기초가 되어야 하죠. 그림책, 만화책, 소설, 비문학, 잡지 광고, 신문 등 모든 종류의 글이 글쓰기와 가장 깊게, 또 가장 많이 연결됩니다.

매일 기록하고 메모하기

✦

영어 글쓰기를 잘하는 아이로 키우고 싶다면 엄마가 해야 할 것은 메모하는 습관을 갖도록 해주는 것입니다.

평소 메모하는 습관을 잘 익힌 아이들은 글쓰기 전 단계인 브레인스토밍에서 굉장히 창의적인 활동을 전개할 수 있습니다. 메모하는 습관은 보통 유명 작가들이라면 모두 하고 있죠. 그만큼 글쓰기에 효과적인 훈련입니다. 굳이 한 문장을 완벽하게 쓰지 않아도 됩니다. 메모는 일종의 글을 위한 스케치 작업입니다.

한 단어, 때로는 하나의 느낌에 따라 그림을 그려도 되고 떠오르는 단어를 적어도 되죠.

여기서 중요한 것은 '꾸준히, 길지 않고 간단하게 정리하기'입니다. 그래서 영어 글쓰기가 결코 어렵지 않음을 알게 하는 것이에요. 예를 들어서 집에 있는 사과를 보고 메모한다면 아이가 apple이라고 적을 거예요. 이때 'an apple'로 바로 고쳐주지 않아도 돼요. 그다음에는 빨강, 작은, 둥근 등의 사실적인 정보를 더하고, 먹음직스러운 느낌을 주는 단어를 추가합니다.

메모하는 습관은 사실과 의견, 느낌을 함께 담을 수 있는 활동이에요. 이것이 아이가 감각을 이용해서 단어를 표현하고, 짧은 글, 그리고 문장으로 확장하는 단계 과정입니다.

엄마가 아이에게 어떻게 질문해야 할지 모르겠다면 챗GPT에 다음처럼 질문하면 좋습니다.

질문 예

오감을 활용해 오늘 하루를 떠올릴 수 있는 5가지 쉬운 질문을 만들어줘.

오늘 아이가 본 것, 들은 것, 냄새 맡은 것, 맛본 것, 만진 것을 표현할 수 있는 쉬운 영어 단어 5개를 알려줘.

오감을 이용하여 할 수 있는 메모 훈련 예시

감각	엄마의 질문 예시
보기(sight)	오늘 본 것 중 가장 기억에 남는 색깔은 뭐야?
듣기(sound)	오늘 들은 소리 중 제일 인상 깊었던 건 뭐야?
냄새(smell)	오늘 냄새로 기억나는 게 있어?
맛(taste)	오늘 먹은 것 중에 어떤 맛이 기억나?
촉감(touch)	오늘 만졌던 것 중 느낌이 특이한 건 뭐야?

이렇게 기본적으로 오감을 이용한 것들을 적은 후에 아이가 경험한 것, 배운 것, 느낀 것 등을 나열해 보면 됩니다.

Chapter ✦ 2

영어 글쓰기 시작하기 전 무조건 점검!

영어 글쓰기, 다르게 질문해야 다르게 대답합니다

누구나 글 한 편쯤은 써보신 적이 있을 거예요. 일기를 쓰거나 책을 읽고 감상문을 기록하거나 아니면 하루 감사 일기를 쓰는 것, 때로는 간단하게 메모하는 것 등등 모두가 글쓰기입니다. 하지만 많은 사람이 참 어려워하죠. '매일 쓰는 일기를 어떻게 다르고 참신하게 쓰지? 책을 정리하는 기록을 어떻게 잘하지? 메모하는 습관은 쉬운 듯한데 뭘 쓰지?' 등등처럼요.

어른들의 이러한 어려움을 우리 아이들도 똑같이 느낍니다. 글을 쓴다는 것은 내 생각을 다듬어서 상대방에게 잘 표현해야 한다는 의미죠. 어떠한 사물이나 현상 혹은 사람을 보고 '왜 그랬을까? 누구일까? 어떻게 하지?'라는 질문들을 합니다. 질문의 답을 하나씩 찾는 과정, 그것이 글쓰기의 시작이자 기본입니다. 즉 좋은 질문은 좋은 글을 쓰는 직접적인 연결 고리가 되죠. 다르게 질문해야 남들과는 다른 창의적인 답변이 나옵니다.

영어로 글을 쓴다는 것은 단순하게 영어로 된 문장을 직접적으로 한국어로 바꾸는, 즉 번역하는 과정을 의미하는 것은 아닙니다. 한국어와 영어는 기초부터 다른 언어이기 때문에 한글 단어에 완벽하게 들어맞는 영어 단어가 있는 것은 아니에요. 한국어와 정확하게 매칭되지 않는 영어라는 언어로 글을 쓰려면 질문 자체의 중요성이 더 커질 수밖에 없죠.

'오늘 하루 중 중요한 사건을 써봐(Write about an important event today).'

아이들이 제일 쉽게 할 수 있는 글쓰기인 일기를 예로 들어보겠습니다. 여기서 아이들은 'an important'라는 단어, 즉 '중요한'이란 단어를 해석하기 힘들어할 수 있어요. 중요한 것에 대한 기준은 각자 다릅니다. 사실 이 단어는 각자의 주관적 기준의 표현이 될 수 있잖아요. 매일 똑같은 날이 반복되는 일상의 일들을 쓰는 일기라면 'an important event'라는 단어보다는 더 구체적, 현실적인 방향으로 아이에게 맞는 질문을 해주세요.

'너의 하루를 색으로 표현한다면 어떤 색깔일까? 그 이유는 뭐지?'

'오늘 누군가에게 작은 선물을 할 수 있다면 무엇을 주고 싶을까?'

'오늘 있었던 일 중 다시 해보고 싶은 일은 뭐야?'

'만약 오늘 하루를 영화 제목으로 만든다면 뭐라고 부를까?'

'오늘 너를 웃게 만든 사람이나 일이 있었을까?'

'만약 오늘을 그림으로 그린다면 어떤 장면을 그릴까?'

'오늘 너에게 '작은 기적'이 있었다면 그것은 뭐였을까?'

등등이 아이에게 할 수 있는 대표적인 '다른 질문'이라 할 수 있습니다.

이렇게 아이에게 질문하고 엄마는 챗GPT에 다음처럼 질문합니다. 글이 훨씬 창의적일 뿐만 아니라 체계적으로 바뀌게 됩니다.

질문 예

다음은 5학년 ○○의 글이야. 이 글의 목적이 무엇인지 분석해 줘.

- -

이 답변으로 할 수 있는 일기 쓰기의 종류는 어떤 것이지? 설명하기, 묘사하기, 설득하기, 재미 주기 중 어느 것이지?

- -

이 아이의 글이 그 목적을 잘 표현하고 있는지 피드백하고, 더 명확하게 하기 위한 문장 수정 예시를 하나 제시해 줘.

- -

이 글을 독자의 입장에서 평가해 줘. 이 글을 읽는 사람이 어떤 메

시지나 감정을 느낄 수 있을까?

아이 글의 전달력이 얼마나 명확한지에 대해 간단히 피드백하고, 좀 더 인상 깊게 만들 수 있는 방법 하나를 제안해 줘.

브레인스토밍하는 방법

브레인스토밍은 제가 학생들 외에 저와 함께하는 선생님들과 영어 라이팅 전문가 과정 연수를 받는 선생님들에게도 가장 강조하는 부분 중 하나입니다.

사실 우리나라에서는 브레인스토밍의 중요성을 간과하는 경우가 많아요. 영어 글쓰기를 가르치는 유명 온라인·오프라인 교육기관에서도 브레인스토밍을 중요하게 생각하지 않는 것 같습니다. 어떤 경우는 수업 시작하자마자 5분 내외로 몇 개의 키워드를 마인드매핑에 채워 넣는 것으로 마무리하기도 해요. 이런 교육들을 보면 바른 영어 글쓰기의 중요성을 다시 한번 느끼는데요. 이 책을 읽는 부모들이 이제부터 브레인스토밍의 중요성을 깨닫고 제대로 아이들을 가르쳐주시기를 바랍니다.

브레인스토밍은 어떻게 해야 하고, 브레인스토밍의 중요성에 대해서 제가 왜 이렇게 강조하는 것일까요? 브레인스토밍은 학습자가 언어를 다양한 사고 과정 속에서 활용하도록 함으로써 사고력과 창의력을 발달시키는 데 핵심적인 역할을 합니다.

이러한 사고 과정에는 연결하기, 설명하기, 주제 관련짓기, 예측하기, 회상하기, 이해하기, 적용하기, 분류하기, 분석하기, 종합하기, 평가하기, 문제 해결하기 등이 포함됩니다. 즉 생각하고 창조하는 기술을 통해서 주제와 관련하여 생각하는 활동이며, 글쓰기 전에 해야 할 준비 과정입니다. 브레인스토밍의 구체적인 이점은 글 쓰는 사람이 다양한 아이디어를 만들고 방향, 위치를 정하도록 도와준다는 것입니다. 또한 창의적으로 생각하고 글의 예시들을 효과적으로 쓰는 데 도움을 줍니다.

글쓰기 전 단계의 대표적 브레인스토밍 질문 예시

한국어 질문	영어 질문
이 주제가 ○○에게 왜 중요해?	Why is this topic important to me?
○○가 전달하고 싶은 핵심 메시지는 뭐야?	What is the main message ○○ want/wants to deliver?
이 주제와 관련된 ○○의 개인적인 이야기는 뭐야?	What personal story can ○○ share about this topic?

이 주제에 대해 ○○는 어떤 질문이 떠올라?	What questions do/does ○○ have about this topic?
이 주제는 누구에게 영향을 미칠까?	Who is affected by this issue or topic?
○○가 이 주제에 대해 이미 알고 있는 것은 무엇이지?	What do/does ○○ already know about this topic?
이 주제와 관련된 감정은 무엇일까?	What emotions are connected to this topic?
이 주제를 가장 잘 표현하는 세 단어는?	What three words describe this topic best?
이 상황에서 ○○는 무엇을 해야 할까?	What should ○○ do in this situation?
이 주제의 원인이나 배경은 뭐지?	What are the causes or reasons behind this topic?
이 주제를 생각할 때 오감은 어떤 것을 주지?	What do ○○'s five senses tell ○○ about this?
이 주제에서 ○○가 강하게 믿거나 반대하는 것은 뭐야?	What points do/does ○○ strongly agree or disagree with here?

브레인스토밍의 종류에는 크게 마인드맵, 나열하기, 자유 글쓰기 등이 있습니다.

첫째, 마인드맵

| 마인드맵 예시 1 |

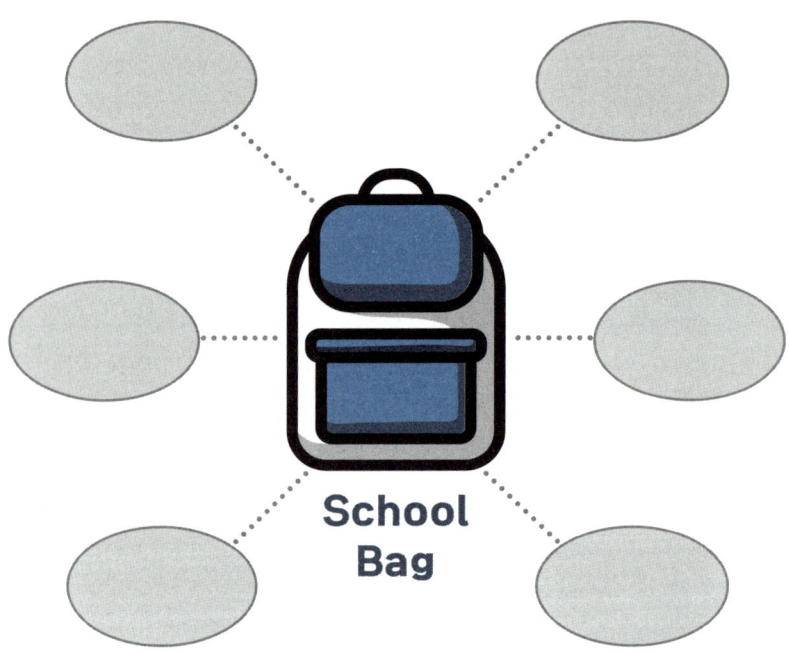

좋은 브레인스토밍의 예를 살펴볼게요. '학교 가방'을 핵심어로 브레인스토밍한다고 할 때, 단순하게 가방 무늬, 크기, 색깔 등 형태를 기준으로 표현할 수도 있지만 월요일부터 금요일까지 가방에 넣는 준비물을 기준으로 빈칸을 채울 수도 있습니다. 그러면 여러 가지 준비물도 나올 수 있고, 가장 가벼운 가방을 드는 날, 무거운 가방을 드는 날 등으로 분류할 수도 있겠지요. 이렇듯 '학교 가방'이란 평범한 단어로도 쓸 수 있는 글감들을 브레인스토밍을 통해 많이 만들 수 있습니다. Good teacher와 Bad teacher로 브레인스토밍을 하게 되면 선생님들의 개성이나 행동, 성격 그리고 수업 스타일 등을 쉽게 찾을 수 있습니다.

| 마인드맵 예시 2 |

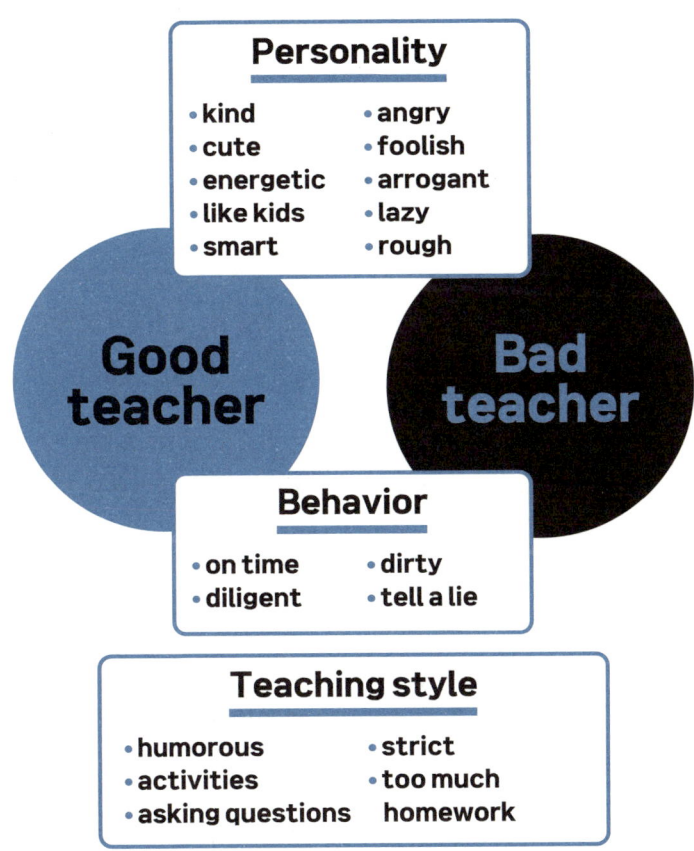

영어 라이팅 전문가 과정에서 선생님들이 직접 학생들과 '좋은 선생님, 나쁜 선생님'에 대해서 브레인스토밍한 활동결과지입니다.

둘째, 나열하기

✦

나열하기는 하나의 주제어에 대해 단어들을 제시하는 활동입니다. 사물의 차이점을 비교하고 공통점을 찾는 글이나 장단점을 구분하는 글에 사용할 수 있어요.

아이가 아직 초보 단계라면 엄마가 아이에게 '방에 있는 물건 5개 나열하기, 여름에 꼭 먹는 과일 나열하기, 아빠의 장점 10개 찾기'처럼 구체적 지침을 제시할 수 있어요. 다음은 나열하기 브레인스토밍에서 자주 등장하는 주제들입니다.

나열하기 좋은 논리적 주제 10가지와 활용할 수 있는 구체적 질문

주제	구체적 질문
비교: 도시 vs. 시골에서 살기, 전자책 vs. 종이책 등	각각의 것에 대해서 좋은 점 3가지와 나쁜 점 3가지는? 전자책이 종이책보다 더 불편한 점은? 반대로 좋은점은?
장단점: 스마트폰 사용, AI 사용 등	왜 스마트폰이 도움이 되니? 단점 3가지는 뭐지? 수업에서 AI가 필요하다고 생각해? 어떤 이유로 그렇게 생각해?
문제 해결: 친구와 싸운 문제, 지구온난화의 원인과 해결 등	친구와 무슨 일이 있었어? 지구 온난화의 원인은 무엇이고, 이걸 어떻게 해결해 볼 수 있을까?

의견: 숙제는 필요한가?, 교복 입는 것이 필요한가? 등	숙제의 필요성에 대해 동의하는 이유는? 또 아니라면 이유 3가지 알려줄래? 교복이 필요하다고 생각해? 그 이유는?
선택: 겨울방학 활동 1가지 고르기, 건강을 위해 해야 할 활동 선택 등	겨울 방학 동안 가장 하고 싶은 활동이 뭐야? 건강을 위해서 어떤 게 가장 필 요하니?
원인과 결과: 늦잠 문제, 영어 글쓰기를 싫어하는 이유 등	사람들은 왜 늦잠을 잘까? 영어 글쓰기를 할 때 뭐가 가장 힘들어?
장단점: 온라인 수업, 그룹 활동의 장점 등	왜 온라인 수업을 좋아해? 혼자보다 여럿이 할 때 뭐가 더 좋아?
문제 해결: 학교 급식이 맛없을 때, 책 읽기가 재미없을 때 등	학교 급식은 왜 맛이 없을까? 책 읽기를 재미있게 하려면 어떤 활동이 필요할까?
비교: 고양이 vs. 강아지, 혼자 노는 것과 여럿이 노는 것 등	아이들에게 어떤 반려동물이 더 좋을까? 혼자 놀 때의 장점은 뭘까? 반대 로 단점은? 여럿이 놀 때는 뭐가 가장 불편해?

셋째, 자유 글쓰기

✦

자유 글쓰기는 말 그대로 뒤 문장을 비워두고 나머지를 채우는 활동입니다. 이때는 어법이나 어휘를 크게 생각하지 않습니다. 때때로 구어체가 나오기도 하고, 습관적인 실수를 하기도 하죠. 하지만 생각나는 대로 메모하듯 쓰는 일종의 습작 활동이라고 생각하면 됩니다. '맞고 틀리는 것은 없다'라는 생각, 먼저 쓰기 전에 아이가 말로 표현할 수 있도록 기다려주는 것. 이것이 브레인스토밍의 핵심입니다.

잊지 말아야 할 것은 이 활동의 목적은 아이의 감정을 언어로 표현하는 것이라는 점입니다. 브레인스토밍 과정이 효과적으로 잘 이뤄지려면 아이가 쓴 단어나 문장에 대해서 엄마가 적절하게 추가 질문을 하거나 확장해 줘야 해요. 이후 같은 성격, 주제별로 묶어줄 필요가 있습니다. 그만큼 브레인스토밍을 직접 수행하는 사람은 아이지만 그것을 성공적으로 만드는 주요 역할은 가르치는 사람에게 있어요.

단어를 가지고 얼마나 확장시켜 줄 수 있느냐, 그리고 주제별, 성격별로 묶어줄 수 있느냐가 바로 좋은 브레인스토밍의 핵심입니다.

03

우리 아이 영어 글쓰기 수준별 활동

보통 영어 학습을 위해서는 초급, 중급, 고급으로 레벨을 구별할 필요가 있습니다.

영어 글쓰기에서는 '단순히 글자를 쓸 수 있는 것'과 '글을 쓰는 것'의 기준이 명확해야 해요. 소근육이 약간 발달한 단계에는 알파벳을 쓰고 단어를 쓰고 필기체를 익히면서 쓰기 활동을 할 수 있죠. 하지만 진짜 글쓰기는 '내 생각을 말할 수 있는 단계'가 되어야 가능한 겁니다. 아직 자기표현조차 어려워하는 아이에게 무작정 영어 글쓰기를 시키려하지 마세요. 영어 글쓰기는 언어의 최종 단계이자 종합 활동이고 언어의 꽃이라 할 수 있습니다. 그러니 영어 단어를 쓴다고 글쓰기가 되는 것이 아니라 '자신이 하고 싶은 말을 할 수 있는 단계'가 되어야 영어 글쓰기를 시작할 수 있습니다.

엄마가 아이의 정확한 수준을 파악해야 글쓰기가 체계적으로 진행될 수 있습니다. 영어 읽기 지수가 높다고 해서 아직 자기 생각도 표현하기 힘든 아이들에게 무조건 영어 글쓰기를 시키려고 하는 부모님이 있습니다. 그것은 오히려 아이가 영어 글쓰기를 싫어하게 만드는 지름길입니다.

초급 단계에서는 자신의 말을 전달하는 것부터 시작합니다. 정확한 의사소통이 안 된다면 글쓰기를 하기 어렵습니다. 단어로 문장을 형성하면, 간단한 세 문장으로도 자신이 전하고 싶은 내용이나 느낌, 의견을 말할 수 있습니다.

중급 단계에선 그 문장들을 통해 글의 구조를 익히고, 더 나아가서는 다양한 창의적 글쓰기를 할 수 있습니다.

고급 단계는 설명 형식, 주장 형식, 다양한 문장 표현법을 이용해 글의 종류를 익히고 긴 단락의 글을 만들어보는 것으로 구성됩니다. 여러 형태의 어휘나 문장을 연습해 볼 수 있습니다.

초급 단계에서 할 수 있는 것

✦

초급은 사물을 보고 간단한 문장이나 명확한 단어를 쓸 수 있어요. 평균적으로 한 문장에서 5개 정도의 단어에서 많게는 8개 단어를 쓸 수 있습니다. 문장에 '내가 ~을 했다. 나는 ~하다'라는 기본 동사를 쓰기도 하지만, 동작 동사와 '내가 ~하다, ~이다'의 상태 동사를 헷갈려 하는 경우가 많습니다.

그렇기 때문에 이때는 쓰고자 하는 정확한 단어나 문장을 제대로 표현하는 것을 목표로 하는 것이 좋습니다. 무턱대고 책을 읽은 후에 감상문을 쓰기보다는 가장 인상 깊었던 책 속의 사건에 새로운 제목을 붙이거나 가장 좋거나 나빴던 책 주인공을 '나의 ○○○'라고 재구성할 수 있어요. '용감한 ○○○ 이야기', '가장 무서웠던 순간' 같은 구체적 제목을 만드는 것이 좋은 예입니다.

아이가 쓸 수 있는 단어를 활용한 단어 그림 사전, 자신 소개하기 등도 좋아요. '좋은 엄마, 멋진 아빠, 친절한 내 동생'처럼 2개의 의미를 연결해 보는 것도 좋습니다.

초급에선 꼭 완벽한 문장 형태를 만들지 않아도 괜찮아요.

다음은 초급 단계에서 엄마가 아이와 할 수 있는 간단한 활동 예시입니다.

① 알파벳의 대·소문자 구분해 보기
알파벳을 따라 쓰는 것으로 시작해서 대·소문자를 구분해 봅니다. 이때 엄마는 틀리는 것에 너무 연연하지 마세요.

② 숫자, 이름, 자신을 간단하게 소개한 카드 만들기
자신의 이름, 별명, 자기소개에서 꼭 알려주고 싶은 것을 사진이나 그림과 함께 설명해 봅니다.

③ 생일 파티 초대 카드, 핼러윈 파티 등 한두 문장 정도 글쓰기

'○○의 생일 파티, 시간, 장소' 등을 간단하게 적어봅니다.

④ 좋은 엄마, 나의 형, 우리 가족 소개하는 카드나 메모 만들기

'나의 아빠, 키가 큰 아빠, 달리기를 잘하고 자상한 아빠, 용감한 내 동생'처럼 다양한 꾸미는 말로 표현할 수 있어요.

⑤ 빈칸 채우기 및 그림 그리고 단어 쓰기

문장을 연습해 보고 싶다면 '나는 ~을 좋아해. 왜냐하면 ~하기 때문이야'라는 빈칸을 만들어서 아이가 단어를 쓸 수 있게 합니다. 이때 예시 단어를 5개 정도 제시해 주세요. 단어가 바로 생각나지 않는다면 빈칸에 그림을 그려보게 하는 것도 좋은 방법이에요. 이미지를 통해서 익힌 단어는 오히려 더 오래 기억할 수 있으니까요.

⑥ 여러 형태의 질문 활동하기

'가장 좋아하는 반려동물이 뭐야(What's the best pet?)?'라는 질문도 'What do you think is the best pet?, What's your favorite pet?, Which pet do you like the most?, Do you have a favorite animal as a pet?, Can you tell me about your favorite animal?'처럼 다양한 문장으로 만들어달라고 챗GPT에 질문해서 아이가 여러 표현과 문장에 자연스럽게 노출되는 기회를 만들어줍니다.

이 부분에서 엄마가 챗GPT에 할 수 있는 질문은 다음과 같아요.

질문 예

'What's the best pet?'이라는 질문을 5가지 다른 방식으로 표현해 줘.

위와 비슷한 방식으로 'favorite food' 주제에 대한 영어 질문 5개를 만들어줘.

아이가 직접 영어 질문을 만들 수 있도록 3가지 문장 시작 예시를 보여줘.

---

pets에 대한 짧은 예/아니요 질문 5개를 아이가 참고할 수 있게 만들어줘.

'○○○' 주제에 대해서 쉬운, 보통, 어려운 난이도의 질문 3단계를 만들어줘.

여기서 좀 더 나아가 아이가 스스로 질문을 만들어보게 해주세요. 아이들은 대답하는 것에만 익숙하기 때문에 질문 만드는 것이 쉽진 않습니다. 영어 노출이 꽤 된 아이들도 막상 영어로 질문을 해 보라고 하면 머뭇거리는 경우가 종종 있습니다.

질문 형태는 처음에는 의문사를 이용한 '누가, 무엇을, 언제, 어디서, 어떻게, 왜?'로 시작합니다. 그 후에는 be 동사를 이용한 질문을 만듭니다. 엄마는 아이의 질문이 다양하게 나올 수 있도록 조동사 can, should, do를 이용해서 질문을 만들게 합니다. 또 과거, 현재, 미래 시제를 응용해서 물어보게 합니다. 여기서 중요한 것은 평서문과 다른 의문문의 어순임을 확인하는 것이 엄마의 역할입니다.

중급 단계에서 할 수 있는 것

✦

중급 단계는 기본 문장들을 통해 글의 구조를 익히는 단계입니다. 글의 3단 구성을 배우게 되는 거죠.

예를 들어 3개의 문장을 통해 '내가 가장 좋아하는 동물은 ~야. 왜냐하면 그 동물은 ~이기 때문이야. 그런 동물이랑 있으면 ~해지기 때문에 가장 특별해'라는 구성을 연습해 봅니다. 이런 훈련이 잘되었다면 창의적 글쓰기를 아이와 함께할 수 있어요.

창의적 글쓰기에서는 아이가 쓰고 싶어 하는 편지, 일기, 독서감상문, 메모, 시 등 모든 종류를 쓸 수 있습니다. 이때 엄마는 3개의 문장으로 시작해서 3개의 단락으로 확장할 수 있게 해주세요.

만약 다섯 문장을 쓴다면 서론 문장 1개, 글의 중심인 본론은 문장 3개, 마지막 결론은 문장 1개처럼 글의 형식을 갖추게 합니다. 단, 이때 너무 형식적인 것에 집중하면 좋지 않습니다. 문법, 어휘에 집중해서 피드백하기보다는 어떤 주제를 갖고 어떤 방향으로 글을 쓰는지, 첫 부분을 어떻게 접근하는지에 주목해 주세요.

창의적 글쓰기 중 하나인 '내가 ~라면'의 상상의 글, 방이나 친구, 동물 등 묘사하기, 일어난 순서대로 쓰는 감상문과 일기 등을 햄버거 구조를 통해 쓸 수도 있어요.

특히 이 단계에선 세 문장이 세 단락으로 바뀌기 때문에 글의 본론에 해당하는 충분한 예시, 사례에 집중합니다.

'만약에 내가 ~라면'이란 상상 글을 위해서는 아이에게 재밌고도 엉뚱한 질문들을 평소 많이 해주는 것도 좋은 방법입니다. 이런 질문들은 처음에는 창의적 글쓰기에 쓰이지만 고급 단계에서 확장되면 토론의 주제로도 쓸 수 있답니다.

이때 어떤 질문을 해줘야 할지 모르겠다면 챗GPT에 질문해 보고 그 후에 아이들이 선택해서 글을 쓸 수 있게 도와줍니다.

아이가 창의적 글쓰기에서 본문 확장을 어려워하면 모범 문장을 가능한 한 3개 이상(많을수록 아이가 선택할 수 있는 기회가 많겠죠?) 요청하고 왜 그 문장이 적절한지를 아이의 수준으로 설명해 달라는 질문도 챗GPT에 하세요.

happy, scared, angry, excited처럼 감정으로 시작하는 창의적 글쓰기 주제 5개를 만들어줘.

오늘 주제에 어울리는 이야기 아이디어 5개를 만들어줘.

10세 아이가 쓸 수 있는 'What if(만약에 ~한다면)' 시작 문장 5개를 만들어줘. 각각은 흥미로운 상황이나 놀라운 일로 시작하게 하고 예시 문장을 보여줘.

창의적 글쓰기에서 본문의 내용이 부족해. 어떻게 고쳐야 할지 내용 면에서 수정하고 모범 문장도 3개 만들어줘. 그게 왜 좋은지도 쉽게 설명해 줘.

아이에게 할 수 있는 엉뚱하고 재밌는 질문들

지금 당장 10분 동안 투명 인간이 된다면 무엇을 할 수 있을까?

(If you became invisible for 10 minutes right now, what could you do?)

땅콩버터는 그 이름이 아니었다면, 어떤 이름이 어울렸을까?

(What would peanut butter be called if it weren't called peanut butter?)

네가 너무 자주 하는 말버릇이나 표현은 뭐야?

(What is a saying or expression that you use too often?)

네가 발명할 수 있다면 어떤 발명을 하고 싶니? 그리고 그 이유는 무엇이니?

(If you could invent something, what would you invent and why?)

네가 가장 좋아하는 냄새는 뭐야?

(What is your favorite smell?)

반려동물이 사람보다 더 나을까?

(Are pets better than humans?)

고급 단계에서 할 수 있는 것

✦

고급 단계에는 글의 다양한 종류를 익힙니다. 다양한 방법으로 문장을 표현하고, 주제에 맞는 여러 종류의 글을 익히게 됩니다. 설득하는 글, 설명하는 글, 찬반 토론을 할 수 있는 글, 객관적 정보를 전달하는 글 등이 있어요. 비교나 대조, 사실 기반의 정보 제공, 주장과 이를 뒷받침하는 근거, 원인과 결과 제시 등의 다양한 방법도 쓰게 됩니다.

고급 단계에는 기본 구성을 바탕으로 글의 길이도 늘어나고 문장의 구체성도 다양해지죠. 이 단계를 잘 연습하면 아카데믹한 주제의 글, 에세이로도 나아갈 수 있습니다.

예를 들어 '내가 사는 동네의 10년 전과 지금'을 비교하는 설명문을 쓴다고 가정해 볼게요. 이 글은 단순하게 차이점과 공통점을 찾아 비교하는 글로 시작하더라도, 마지막 단계에서는 '과거와 비교해서 현재의 변화가 사는 곳에 긍정적 혹은 부정적 영향을 끼치는가?(Which change do you think has made the neighborhood better? Which change do you think has made the neighborhood worse?)'라는 토론으로도 확장할 수 있어요.

혹은 '동네의 바뀐 건물명이나 동네 이름 변경이 지역 사람들에게 ~한 영향을 끼친다'라는 의견으로 글을 전개할 수 있답니다.

고급 단계에서 쓸 수 있는 글의 종류는 다음과 같습니다.

① 아카데믹한 주제 글

② 비평 분석 혹은 문학적인 글에 대한 분석

③ 문제점의 원인을 분석하는 공식적 보고서

④ 찬성과 반대가 나뉘는 토론 글

⑤ 자신의 명확한 의견을 표현하는 글, 설득문

⑥ 장점과 단점을 비교하는 글

⑦ 문제점에 대해서 항의하는 편지, 특수한 요청을 하는 메일 등

⑧ 신문 기사 분석이나 의견 요약문

고급 단계에서 엄마가 주의하여 알려줘야 할 부분은 아이 글의 중심이 '나'에서 제3자로 바뀌어야 한다는 것입니다.

특정한 주제에 대한 의견, 정보를 제시하는 글에서는 객관성이 중요해요. 그래서 '나는 생각해, 나는 확신해'의 'I think, I believe, I'm sure' 대신 다른 문장 형태를 쓸 수 있게 알려주세요.

엄마가 가장 간단하게 할 수 있는 방법은 문장에서 'I think, I believe'를 빼고 주어를 만드는 것이죠. 예를 들어서 '나는 개들이 귀엽다고 생각해'라는 문장에서 '개들은 귀여워' 이렇게요. 혹은 '이 글은 ~, 이 에세이는 ~를 말할 거야'라고 '나' 대신 3인칭 주어나 '이 보고서, 이 신문, 이 글은, 이 일기는, 이 질문은' 등의 사물 주어를 사용하게 합니다.

또는 '네가 ~하면 ~하게 될 거야'라는 의견을 나타내야 하는 글에서는 '너, 우리'라는 개념을 '사람들, ~한 단체, 3학년 학생들, 축구를 좋아하는 12세의 경기도 지역 남학생들' 등의 3인칭 대명사로 확

장해 주세요. 같은 내용을 쓴 글이라도 개인적인 글이 단번에 공식적이고 아카데믹하게 변할 수 있습니다.

나는 개들이 귀엽다고 생각한다(I think dogs are cute). (△)
→ 개들은 귀엽다(Dogs are cute). (○) [I think 빼고 주어 쓰기]

이 에세이에서 나는 재활용에 대해서 말할 것이다(In this essay, I will talk about recycling). (△)
→ 이 에세이는 재활용에 대해 논의할 것이다(This essay will discuss recycling). (○) [This essay, This research, This report, This article 등으로 주어 만들기]

네가 만약 사탕을 너무 많이 먹으면 너는~(If you eat too much candy, you get sick). (X)
→ 만약 사람들이 사탕을 너무 많이 먹으면 아프게 된다(If people eat too much candy, they get sick). (○) [you를 빼고 일반적 대상이나 구체적 대상의 대명사로 확대하기]

나는 여름이 덥게 느껴진다(I feel summer is too hot). (△)
→ 기상 보고서에 따르면 여름이 더 덥다고 한다(The weather report shows that summer is hotter than other seasons). (○) [I를 빼고 공신력 있는 출처를 주어로 바꾸기]

또는 수동태 문장을 이용해서 결과나 정보 전달을 강조하기도 합니다. 아카데믹한 글에는 행동을 한 주체보다 수치, 결과, 분석을 필요로 하는 경우가 있어서 이 부분을 사용합니다. 보고서, 분석의 글에는 '어디서 정보가 사용되었고 어떤 결과가 만들어졌는지'에 대한 신뢰성이 중요하기 때문입니다.

그 선생님은 그 규칙을 설명했다(The teacher explained the rule). [단순한 행위자 중심]
→ 그 규칙은 그 선생님에 의해서 설명 되었다(The rule was explained by the teacher). [행위의 대상·결과, 정보 전달이 더 중요할 때 사용]

04

중심어 찾기, 제목 만들기

좋은 글에는 누가 봐도 딱 찾을 수 있는 중심어(핵심어)가 있습니다. 그리고 이 중심어를 바탕으로 주제문을 쉽게 찾을 수 있고요. 주제문에는 주제와 중심 생각, 그리고 이유나 근거가 포함되어야 합니다. 글을 쓴 사람의 주장이나 의견 없이 사실만 말한 것은 좋은 주제문이 될 수 없어요.

의견, 주제가 들어간 주제문을 바탕으로 한 단락이 중심 문장, 뒷받침 문장으로 구성됩니다. 영어를 배워야 하는 이유에 관한 질문에 대한 답변에서 '영어는 중요해+왜냐하면~'이라고 말하는 문장이 주제문이 됩니다. 영어 글쓰기 초보 아이들은 무조건 '왜냐하면'이라고 이유부터 말하기도 해요. 글쓰기 능력을 키우려면 주제문 형식을 잘 갖출 수 있어야 합니다.

햄버거가 몸에 나쁜 이유를 쓴다면 무조건 '칼로리가 높아서'라고 하는 것이 아니라 주제문은 '패스트푸드가 건강에 악영향을 미치는데, 높은 칼로리 때문에 비만을 만든다'라는 문장 등으로 표현해야 합니다. 이렇게 잘 쓴 주제문을 통해 글의 제목을 만들어야 해요.

글의 제목 만들기

✦

글의 제목을 만들 때는 반드시 글을 읽는 독자들을 생각해야 합니다. 제목은 흥미를 끌 수 있어야 하고, 글에서 무엇을 말할지를 잘 담고 있어야 하며, 명확한 메시지를 전달해야 해요.

창의적인 시, 소설 등의 글이라면 독자들이 상상하도록 의미가 숨겨진 제목을 써도 됩니다. 글의 종류에 따라 다르지만 너무 긴 문장은 제목으로 추천하지 않습니다. 처음에는 글의 중요 단어가 들어갈 수 있게 압축하는 연습을 하도록 권해드려요. 그리고 부정적인 단어보다는 긍정적 메시지를 포함하는 것도 하나의 팁입니다.

좋은 제목 만들기

✦

첫째, 지나치게 긴 문장은 금합니다. 한 문장 안에 다섯 단어를 기본 구성으로 합니다.

둘째, 한 가지 중심어가 제목에 담겨 있어야 합니다.

셋째, 기초 학습을 할 때는 '누가, 무엇을+행동이나 특징'으로 구성합니다.

넷째, 정확하고 명확한 성격의 동사, 명사 위주로 사용합니다.

다섯째, 지나치게 많은 형용사, 부사는 자제합니다. 최소 1개 정도의 형용사를 추천합니다.

여섯째, 제목 전체를 대문자로 쓰지 않습니다. 모든 단어의 첫 글자는 대문자, 나머지는 소문자로 씁니다. 예컨대 명사, 동사, 형용사, 부사, 대명사 등은 대문자로 쓰고, 관사(a, an, the), 전치사(in, on 등)는 소문자로 씁니다. (예외도 있습니다.) 콜론 뒤 첫 단어는 대문자로 씁니다. 예컨대 'Grammar in Use: How to Use Tense' 등입니다. 하이픈(-)이 있는 단어는 양쪽 모두 대문자를 쓰지만 중간 단어가 접속사, 전치사나 관사일 경우는 소문자를 씁니다. 예컨대 'High-Quality Web Services' 등입니다.

일곱째, 제목 끝에 마침표는 쓰지 않습니다. 예컨대 'Good Friends.'에서 마침표를 삭제합니다.

여덟째, 모호하고 너무 긴 문장은 제목으로 적절하지 않습니다.

엄마표 영어 글쓰기 지도로 좋은 제목 만드는 연습

✦

① '주어+동사' 문장 패턴을 기본으로 연습하기

아이들은 시제와 상관없이 과거형도 제목으로 쓰기도 하는데, 원칙적으로는 글쓰기 초보 단계에는 현재 동사를 쓰는 것부터 시작합니다.

'그 고양이가 나무에 오른다(The Cat Cimbs a Tree)'라는 예에서 중요한 것은 아이들은 자칫 the cat처럼 소문자로 쓰거나 마침표를 쓸 수도 있다는 것입니다. 이때는 제목을 일단 쓰게 한 후에 챗GPT로 확인해 주시면 됩니다.

아이가 쓴 제목이 글의 종류와 맞는지, 시제가 현재인지 알아보고, 아니면 다른 제목을 추천해 달라고 챗GPT에 요청할 수도 있어요. 아이가 쓴 제목을 다음과 같이 확인합니다.

질문 예

이 제목이 주제에 대한 에세이로서 괜찮아? 자연스럽고 적절하며 대상 독자에게 흥미롭게 들리는지 확인해 줘. 필요하다면 개선안(모범 답안)도 제안해 줘.

- -

제목이 적절한지 평가해 줘. 이 제목이 주제에 관한 글의 내용을 잘 반영하고 있어? 그리고 아이 수준이나 글의 종류에 알맞은 거야? 그

렇지 않다면 이유를 설명하고 2~3개의 더 나은 제목을 제안해 줘.

② 명사구 제목 연습

명사구의 제목은 짧은 문장보다는 좀 더 간결하고 제목다운 느낌이 듭니다. '비 오는 하루(A Rainy Day)', '봄꽃들(Spring Flowers)' 등이 그렇죠.

이때 필요한 기본 구조는 '형용사+명사' 혹은 'How+형용사+명사' 구조입니다. 예를 들면 '햇살 가득한 공원(Sunny Park)', '정말 용감한 개(How Brave the Dog!)' 등이에요.

이때 구체적인 단어로 시작하는 것이 좋습니다. 예를 들어 '좋은 이야기, 나쁜 이야기(Good Story, Bad Story)'보다는 '개의 용감한 이야기(A Dog's Brave Story)'가 더 좋은 제목이 될 수 있어요. '행동을 나타내는 형용사, 혹은 동작'이 들어가면 제목이 훨씬 더 효과적으로 보입니다. '공원으로 달려가는 개(A Dog Running to the Park)'처럼요.

느낌과 감정을 나타내는 단어를 사용해도 구체적이고 좋은 제목이 될 수 있습니다. 예를 들어 '비 오는 날'보다는 '슬픈 비 오는 날'처럼요. 이를 위해서 엄마는 아이에게 3가지 질문을 합니다. '누가 나왔지?'에서 명사를 찾고, '무엇을 했지?'에서 동사를 찾습니다. 마지막으로 '어떤 기분이 들었어?'에서 감정과 생각을 찾아줘요.

예를 들어 고양이가 나무를 올라가는 그림을 보여주면서 '이것을 묘사하는 글을 써보자'라고 아이한테 말해보세요.

(누가) 찾기-엄마의 질문: '누가 나왔지?'

아이의 대답: '고양이'

(무엇) 찾기-엄마의 질문: '뭘 하고 있지?'

아이의 대답: '나무를 오르고 있어.'

(느낌) 찾기-엄마의 질문: '어떤 느낌이야?' '그 단어는 영어로
뭘까?'

아이의 대답: '빠르고 용감해 보여.'

이렇게 아이와 질문 연습을 한 후에 엄마가 챗GPT에게 영어로
바꿔 달라고 하면 제목 쓰기가 완성됩니다.

질문 예

**'용감한 고양이가 나무에 오른다'를 영어 제목으로 자연스럽게 바
꿔줘.**

챗GPT가 'The Brave Cat Climbs a Tree, A Brave Cat Up in the
Tree, The Climb of a Brave Cat, Brave Cat on the Tree' 등의 제목을 보
여줍니다.

이때 엄마는 아이의 글을 '일기로 할지, 동화로 할지, 강렬한 메시지로 할지' 정하고 그 목적에 맞게 아이와 함께 어떤 것이 더 적절한지 선택하면 됩니다.

③ 이야기 형식의 응용 제목 만들기

이야기 형식 제목의 기본 원칙은 '누가 무엇을 했는지'와 '감정, 기분 추가하기'입니다. '바로 그날 뒤에 내가 무엇을 했다. 나는 ~한 감정을 느꼈다'를 추가합니다.

예를 들어 '바로 그날+내가 장난감을 잃어버린 날'을 만들어볼게요.

'바로 그날'은 'The day'가 되고 '아이의 행동이나 감정'의 문장은 '내가 장난감을 잃어버렸다(I lost my toy)'가 됩니다.

여기에 앞에서 배운 대문자 제목 쓰기 법칙을 이용하면 제목은 'The Day I lost My Toy'가 됩니다. 어때요? 아주 간단한 방법으로 구체적인 이야기 형식의 제목이 만들어지죠?

이런 방식의 제목 만들기는 보통 아이들 일기 혹은 서술이나 창작하는 글쓰기에서 가장 많이 활용할 수 있어요. 아이가 바로 활용할 수 있는 다양한 예로 '바로 그날+내가 새 친구를 만난 날', '바로 그날+내가 처음으로 반려동물을 키운 날', '바로 그날+내가 처음 시험에서 100점 맞은 날', '바로 그날+내가 자전거에서 떨어진 날', '바로 그날+내가 가장 슬펐던 날' 등이 있어요.

혹은 '바로 그날'을 더 세분화해서 '바로 그 점심, 바로 그 월요일,

바로 그 방학, 바로 그 아침'으로 바꿀 수도 있습니다. 단순한 제목들이 다양해질 수 있어요.

'바로 그날' 대신 '어떻게'의 How를 이용할 수도 있어요. '어떻게 수영을 배웠을까(How I Learned to Swim)'처럼요.

또는 '내가 생각해+어떤 것을' 형식으로 제목을 만들 수 있어요.

예를 들어 '나는 생각해+숙제가 짧아져야 한다고'('나는 생각해+환경을 지켜야 한다고') 혹은 '나는 생각해+책 읽기가 중요하다고', '나는 생각해+어린이들에게는 더 많은 놀이가 필요하다고'처럼요.

이런 문장을 엄마는 그대로 챗GPT에 입력하고 질문합니다.

'나는 ~라고 생각해'라는 제목이 나왔는데 좀 더 어법이 자연스런 제목을 만들어줘.

'~하기 좋은 날'이란 형태로 제목을 만들었어. 의견 제시형에 맞는 제목을 만들어줘.

이렇게 질문하면 챗GPT는 '나는 아이들은 더 많이 놀 시간이 필요하다고 생각해(I Think Children Need More Play Time), 아이들은 더 많이 놀 시간이 필요해(Kids Need More Time to Play), 더 많은 놀이, 더 행복한 아이들(More Play, Happier Kids)' 등의 다양한 제목을 만들어줍니다.

즉 단순한 단어형 제목도 확장할 수 있고, 챗GPT의 도움으로 다양한 문장들을 선택할 수 있습니다.

④ 객관적 정보를 담은 제목 만들기

객관적인 정보를 담고 의견을 표현하는 긴 글, 에세이 형식의 영어 제목 안에는 '무엇을 설명할지'에 대한 주제가 명확하게 담겨 있어야 하고 2개 이상의 키워드, 즉 중심어가 있어야 해요. 이때 주의사항은 내 의견, 감정을 최소한으로 표현해야 한다는 것입니다.

챗GPT에 다음과 같이 질문합니다.

질문 예

나비의 생애를 표현하는 글을 쓸 건데 아카데믹한 글에 맞는 영어 제목은?

이 질문에 챗GPT는 과정·변화·생명 주기(life cycle)를 강조하는 제목이 적절하다고 답변합니다.

가능한 제목으로 '나비의 생애 주기(The Life Cycle of a Butterfly)', 분석형 글에 어울리는 '나비 생애의 단계 이해하기(Understanding the Stages of a Butterfly's Life)', 과정을 통해서 비교하는 '나비 생애 주기 속 변화의 과정(The Transformation Process in a Butterfly's Life Cycle)' 등을 종류별로 만들어냅니다.

또는 엄마는 챗GPT에 이렇게도 물어볼 수 있어요.

질문 예

'주제의 필요성' 형태나 '~의 중요성' 형식으로 제목을 만들어줘.

- -

'비행기의 역사'에 대한 아카데믹한 글의 영어 제목은?

이같이 질문하면 글의 성격, 목적에 따라 가장 기본적인 '비행기의 역사(The History of Airplanes)', 학술적인 글에 맞는 '비행기 기술의 발전(The Evolution of Airplane Technology)', 역사뿐만 아니라 사회적 영향까지 알아보는 '현대사회의 비행기 발달과 영향(The Development and Impact of Airplanes in Modern Society)' 등의 답변을 내놓습니다. 이때 엄마는 아이와 함께 글의 방향에 맞는 것을 선택하면 됩니다.

아카데믹한 글의 제목 역시 챗GPT로 쉽게 찾을 수 있고, 어떤 제목이 아이 글의 종류와 목적에 맞는지 선택할 수 있어요.

05

모국어 학습이
영어 글쓰기에 미치는 영향

영어 글쓰기를 잘하기 위해 꼭 필요한 조건은 무엇일까요? 많은 분이 '영어 실력'이라고 대답할 수 있지만, 그보다 먼저 중요한 요소가 있습니다. 바로 모국어인 국어 문해력과 글쓰기 능력입니다.

모든 언어 학습에서 언어의 기본을 꼭 강조할 수밖에 없는데요. '영어 글을 잘 쓰려면 언어적 감각이 있어야 한다'라는 말은 단순한 격언이 아닙니다. 실제로 글쓰기 능력은 '영어'라는 언어의 기술을 넘어서, 자신의 생각을 조직하고 표현할 수 있는 힘, 즉 사고력과 언어적 표현력을 바탕으로 합니다. 이 표현력은 대부분 모국어로 먼저 기초를 다져야 영어에서도 자연스럽게 확장할 수 있습니다.

글 자체를 이해, 학습하면서 상을 받는 학생. 브레인스토밍 습관을 잘 익힌 결과입니다.

왜 문해력이 중요한가?

✦

문해력은 단순히 글을 읽는 능력이 아니라, 글의 의미를 파악하고 핵심을 이해하며 의도와 맥락을 해석할 수 있는 힘을 의미합니다.

예를 들어 영어 시험에서 지문을 이해하지 못해 문제를 잘못 푸는 경우, 그 원인은 단순히 어휘 부족이 아니라 글을 해석하고 요약하는 능력의 부족, 즉 문해력에서 비롯됩니다. 실제로 영어 지문보다 더 학생들이 어려워하는 것은 문제 자체를 이해하는 것입니다. 문제의 지시어, 목적, 조건을 오해한 채 접근하면 글을 잘 읽어도 엉뚱한 답을 고르게 되는 것이죠. 이는 영어 지문이 아니라 모국어 기반의 사고력과 독해력의 문제입니다.

영어 글쓰기는 '언어'가 아닌 '생각 정리 도구'

✦

영어 글쓰기는 영어 단어만 나열하는 활동이 아닙니다. 자신이 전달하고 싶은 생각을 조직, 정리, 설명, 주장할 수 있어야 하며, 이를 위해 사고의 뼈대를 세우는 훈련이 필수입니다. 이 사고의 뼈대는 모국어로 먼저 익혀야만 영어로도 구현할 수 있습니다.

다시 말해 자신의 생각을 모국어 문장으로 정리하지 못하는 학생은 영어로도 논리적인 글을 쓸 수 없습니다. 아무리 어휘와 문법을 많이 알아도, 생각을 말로 표현하고 문단으로 발전시키는 과정은 결국 언어 이전의 사고 훈련과 연결되어 있습니다.

2020년의 한 조사에 따르면 191개 기업체에 근무하는 성인의 문해력을 분석한 결과, 56.5퍼센트의 젊은 성인들이 기준 이하의 문해력을 보였다고 합니다. 스마트폰, 짧은 영상 중심의 콘텐츠 소비가 늘면서 글을 끝까지 읽고 맥락을 이해하는 능력 자체가 저하되고 있는 것입니다.

이런 환경에서 자란 아이들이 긴 지문, 복합적인 사고, 주장과 근거 구조로 구성한 영어 에세이를 쓸 수 있을까요? 단순히 '영어 문장 쓰기'를 넘어서 생각을 깊이 있게 전개하는 능력 자체가 약화되고 있습니다.

엄마표 영어를 하는 어머니들에게 드리는 현실적 제안

많은 어머니가 '우리 아이가 영어를 잘하고 싶어 해요'라고 말씀하시지만, 실제로는 아이가 긴 지문을 읽고 글을 정리해 본 경험이 없거나 책을 끝까지 읽지 못하는 경우가 많습니다.

그런 아이에게 영어 글쓰기를 시키면 짧은 글쓰기에 머무르게 되고, 결국 성장이 제한됩니다.

이제는 영어 실력 이전에 모국어로 생각을 정리하고 긴 글을 끝까지 읽는 습관부터 만들어주세요. 책을 읽고 생각을 말하게 하고, 생각을 쓰게 하고, 짧은 문장부터 차근히 확장해 나가다 보면 영어 글쓰기는 자연스럽게 따라오게 됩니다.

영어 글쓰기 실력 향상을
돕는 책 추천

+ +

1. Write Right 시리즈

    학원 수업, 혹은 엄마표 영어로 라이팅 교재로 많이 알려진 책. 문법이 각 챕터마다 간결하게 정리되어 있어서 문법을 반복 훈련하면서 문장, 단락, 긴 글 쓰는 훈련이 될 수 있어요.

2. Writing Framework for Sentence , Paragraph, Essay 시리즈

    문장, 문단, 에세이로 발전할 수 있게 연습하는 교재이며 글쓰기에 필요한 구조와 문법이 잘 정리되어 있습니다. 다양한 종류별 라이팅을 접할 수 있어요.

3. Spectrum Writing

    브레인스토밍부터 에세이 작성까지 연습할 수 있어요. 영어 서점에서 쉽게 볼 수 있는 책이고 라이팅 교재 중 스테디, 베스트

셀러 중 하나 입니다.

4. My First Writing

익숙한 주제, 쉬운 단어, 알록달록한 페이지로 구성되어 영어 라이팅 처음 시작하는 아이들이 부담 없이 접근할 수 있어요. 초등 저학년부터 부담 없이 시작 할 수 있습니다.

5. Writing Monster 시리즈

초등학생용, 초급 라이팅 시리즈로 적합하며 읽고 생각해서 그 것을 글로 표현하는 훈련을 할 수 있는 교재입니다. 아이들이 좋아할 만한 주제, 그림이 잘 구성되어 있어요.

6. Great Writing

문장 문단에서 각종 에세이까지 체계적 라이팅을 훈련하는 책으로, 특히 사진이 화려한 free writing과 additional topics for writing 연습을 제공합니다.

7. 기적의 영어 문장 쓰기

영어 라이팅의 기초, 기초 문법 바탕에 패턴 훈련이 강화된 책 입니다.

8. Write it!

엄마표 영어, 학원 교재로 유명한 책이며 단순 문장부터 하나의 글로 완성할 수 있는 시리즈입니다.

9. 기적의 영어 일기

영어 일기 쓰기 중 가장 쉬운 책이라고 할 수 있으며, 일상적인 주제로 시작하기 좋아요.

10. Grammar for Great Writing

《Great writing》과 마찬가지로 체계적 브레인스토밍부터 문법, 어휘, 리딩 지문으로 라이팅 훈련을 하지만 아이들이 자주 틀리는 문법을 집중해서 훈련할 수 있는 교재에요.

Part 02

영어
글쓰기
지도법

🎙 실전편

Chapter · 3

IB 영어 글쓰기,
집에서 10분
영어 일기로 시작하기

01

영어 일기에 대한 엄마의 착각

엄마들은 영어 일기 쓰기를 어떻게 생각할까요? 초등학생 아이가 영어로 '내가 ~을 했고, 기분이 ~했다'라는 두세 문장을 술술 쓰면 진짜 영어 글쓰기를 잘하는 것일까요?

영어 일기 쓰기의 목표는 엄마들의 생각과 착각을 바꾸는 과정, 바로 그것부터 시작되어야 합니다. 매일의 시간표 속에서 똑같은 수업을 듣는다고 해도 아이마다 다른 종류의 글이 나오는 것이 영어 일기이고, 그것을 창의적이고 자유롭게 표현할 수 있게 하는 것이 영어 일기 쓰기의 최종 목표입니다.

'영어는 언어'라는 개념 정립에서 시작해 주세요. 여러분은 한국어를 매일 '○○지수'로 측정하면서 스스로 평가하시나요? 영어 교육에서 무조건 리딩 지수만 높다고 좋은 것은 아닙니다. 사실 리딩 지수가 높은데 글을 요약하거나 정리를 못한다면 뭔가 잘못된 것이겠죠. 글에 대한 풍부한 배경지식이 형성되어야 하고 그 속에 어법과 어휘가 차곡차곡 만들어져야 합니다. 물론 주제에 맞는 중심 생각을 잡아내고 그것을 설득하거나 입증할 수 있는 기초 작업을 스스로 계획하고 짤 수 있어야 해요.

'오늘은 최악의 날이었어.' 그 뒤에는 '어떤 일이 누구랑, 어디에서 어떻게 진행되었고, 그 속에서 나는 어떠했고, 일이 일어난 후에 기분이 변화했어' 등이 최소한 나와야 제대로 된 글이 완성된 것입니다.

글쓰기는 단순한 성적 높이기 활동이 아닙니다. 또한 글쓰기를 위해서는 그 이전에 비판적 사고력과 창의력이 필수이자 기본 요소가 되어야 합니다. 그게 없다면 그냥 글자 옮겨 쓰는 '영어 글자 쓰기'가 되는 것이죠.

엄마표 영어 일기에서는 아이와 영어 글쓰기를 하면서 아이의 실수, 잘못을 완벽하게 고쳐야 한다는 생각을 버려주세요. 특히 영어 일기 쓰기에서 군이 아이에게 어려운 어휘나 어법을 강요하지 마세요. 일기는 정말 자유로운 주제들로 쓰는 글이잖아요. 다음은 엄마표 영어 일기 쓰기의 필수 확인 사항입니다.

① 영어 일기는 그림과 한 단어 혹은 한 문장만으로도 가능해요.
② 영어 일기는 했던 것을 시간 순서대로 적는 것만으로도 가능해요.

③ 영어 일기는 자신의 감정만 표현하는 것만으로도 가능해요.
④ 가장 싫어했던 것, 가장 좋아했던 것, 가장 아쉬웠던 것, 혹은 아무것도 아닌 그날 자체를 표현하는 것만으로도 가능해요.
⑤ 영어 일기는 모든 것이 가능한 아이만의 창작물입니다.
⑥ 영어 일기는 영어 글쓰기의 근육 만들기 작업입니다.

물론 처음에는 일기 쓰기의 형식과 구성을 알려줄 필요가 있어요. 영어 일기를 쓰다 보면 '시간 순서 표현, 장소와 사람에 대한 묘사, 행동과 기분, 의견과 사실, 대조 등에 관한 다양한 글쓰기 비법'을 배울 수 있습니다. 때로는 편지를 쓰기도 하고, 때로는 시처럼 짧게도 적을 수 있죠.

그러니 처음에는 일기의 구성에 맞춰 연습해 보는 것이 필요합니다. 하지만 어느 정도 익숙해지면 아이들은 '쓸 게 없다, 맨날 똑같아. 지겨워'라는 불평을 할 거예요. 이때 엄마가 챗GPT를 활용해서 전문가 못지않게 도와주면 됩니다. 내 아이 성향과 수준은 누구보다 엄마가 잘 알잖아요. 그러니 챗GPT를 이용하면 아이가 영어 글쓰기를 체계적으로 학습하는 단계 이전에 훈련할 수 있습니다.

'아이 학년, 성별+아이가 좋아하는 것, 싫어하는 것, 보통 주말의 일상, 주말에 하는 일, 특별히 어려워하는 분야, 특별히 즐거워하거나 관심도가 큰 것' 등의 기본 정보를 챗GPT에 입력하고 '쉽게 접근할 수 있는 영어 일기 주제의 7일 플랜, 30일 플랜에는 어떤 것이 있지?'라고 물어봐 주세요. 이게 바로 엄마표 영어 일기 쓰기 챗GPT 실전편의 시작입니다.

02

기초 영어 일기 쓰기
주제

기초 영어 일기 쓰기의 주제는 일상적인 것을 시간 순서대로 나열하는 것부터 감정 묘사까지 다양하죠. 사실상 제한이 없는 부분이기도 하고요. 다양한 일기 활동지를 이용해 보는 것도 하나의 방법입니다. 글을 쓰기 어려운 아이는 그림일기부터 시작하는 것이 기본이죠.

아이가 무엇을 쓸지 몰라 하면 챗GPT에 다음과 같은 조건 사항을 각각 다르게 입력해 보는 것도 좋습니다.

질문 예

○학년에게 맞는 일기 쓰기 주제를 10개 만들어줘.

'창의적인, 유치한, 다소 엉뚱한, 반전을 만들 수 있는 주제'를 만들어줘.

My hobby를 주제로 한 학생이 쓴 글

엄마표 일기 쓰기의 주제 예시

① 오늘 가장 좋았던 순간 / 슬펐던 / 화났던 / 놀랐던 / 실망했던 순간

② 동물, 반려동물, (식물)

③ 가족, 친구들

④ 이웃, 집, 내가 사는 동네

⑤ 학교생활

⑥ 특별한 행동과 감정

⑦ 날씨 및 계절, 주말 활동

⑧ 특별한 날, 방학, 공휴일

⑨ 예상치 못한 문제나 어려움, 해결 방법

⑩ 상상하는 일, 계획

03

세 문장
완성하기

영어 한 문장을 다섯 단어에서 여덟 단어로 구성할 수 있는 단계
가 된다면 이제 세 문장 쓰기를 시작하면 됩니다. 세 문장 안에서는
길이가 짧아도 서론-본론-결론의 형식을 갖춰볼 필요가 있어요. '세
문장 쓰기'는 영어 글쓰기에서 가장 실용적이고, 아이도 엄마도 부담
없이 시작할 수 있는 훈련법입니다. 그런데 이 세 문장을 어떤 구조로
써야 좋은 글이 될 수 있을까요? 글의 종류에 따라 접근 방식이 달라
지지만, 공통적으로 적용할 수 있는 기본 구조가 있습니다.

첫 번째 문장: 주제 또는 중심 생각
두 번째 문장: 주제문에 대한 이유 또는 설명

세 번째 문장: 예시 또는 느낌에 대한 설명에서 결론으로 연결

이 구조는 어떤 글이든 적용 가능하며 묘사문, 설명문, 의견문, 이야기문까지 확장할 수 있답니다. 그래서 두 문장보다는 세 문장 연습을, 두 단락보다는 세 단락 연습이 영어 글쓰기에서 필요해요.

일반적으로 영어 일기 쓰기는 보통 '서술하기'라고 할 수 있죠. 즉 세 문장의 이야기를 쭉 진행하듯이 쓰는 것이 중요해요.

첫 번째 문장

✦

일기 쓰기의 기본인 세 문장을 완성하는 형식은 간단합니다. 첫 문장은 '의문사 질문에 답하기'로 시작해요. 누가(who), 무엇을(what), 언제(when), 어떻게(how), 어디에서(where), 왜(why)에 대한 답을 한 줄로 일단 정리해요. 만약 아이가 너무 어려서 이 질문에 일일이 답하기 어렵다면 '누가 무엇을 했다'라고 글을 쓰는 사람 중심으로 문장을 만들어요.

두 번째 문장

✦

두 번째 문장은 중심 문장을 확장하는 문장인데요. 영어 일기는 자신의 하루 이야기와 느낌을 담은 글이어서 지극히 주관적이죠. 그렇기 때문에 두 번째 문장을 통해 '누가 ~을 했다'라는 문장을 뒷받침할 필요가 있어요. '~을 했을 때 상황이, 주변 사람들이, 내 감정이, 내 행동이 어땠는지'를 묘사하는 것이에요. 이때에는 좀 더 수식어를 많이 사용하는 풍부한 문장을 만들어봅니다. '내가 느낀 감정, 문제가 일어난 이유, 사람들의 반응, 해결한 방법' 등 '주어가 ~을 했다'라는 문장을 뒷받침하는 이야기를 만든다고 생각해 주세요. 이때 엄마표 지도로 할 수 있는 글쓰기 기법은 'like, as'를 이용한 '~처럼, ~같은' 직유 표현과 '~는 ~이다'라는 은유법입니다.

예를 들어 아이가 'My mom is the sun'이라는 문장을 썼다고 해볼까요? 이 문장을 보며 아이에게 '이 문장에는 'like, as'가 안 들어갔으니 이건 '엄마는 해'라는 뜻의 은유 표현이야'라고 이야기하는 것이죠. 그다음에는 '왜 엄마가 해야?'라고 물어보며 은유의 의미를 생각해 보도록 이끌 수 있습니다. 아니면 '해 말고 별이나 달은 아니야?'라고 물어볼 수도 있습니다. 이렇게 다양한 단어를 조합해 아이에게 은유의 의미와 사용법을 알려줄 수 있습니다.

여기서 주의할 점은 아이에게 '이 은유는 틀렸어'라고 말하면 안된다는 것입니다. 은유란 무엇이든 표현할 수 있는 것이라고 설명하며 아이의 상상력과 언어 자신감을 키워주세요.

그리고 처음에는 해, 별, 달과 같이 단순한 단어로 시작해서 점차 추상적인 표현으로 확장해 나가면 아이들도 어려워하지 않고 은유에 대해서 배울 수 있습니다. 가장 좋은 것은 직관적인 문장, 즉 아이들이 평소에 하는 '주어+동사의 ~는 ~이다' 문장에 은유 표현을 적용해 보는 것입니다. '내 방은 커다란 상자야(My room is a big box)'처럼 아이들 상상력을 자극해서 다양한 물건, 사람을 표현할 수 있습니다.

은유나 직유가 뭔지 모르는 아이를 위해서 기본적인 문장을 원한다면 다음과 같이 챗GPT에 묻습니다.

질문 예

초등 4학년 아이가 이해하고 써볼 수 있는 간단한 직유 영어 문장 5가지를 보여줘.

초등학생이 이해하기 쉽고 재미있게 느낄 수 있는 은유 표현 영어 문장 5가지를 보여줘.

이렇게 물어본 후에 직접 연습할 수 있는 것을 챗GPT에 요청합니다.

질문 예

아이들을 위한 그림을 활용한 은유 쓰기 활동지를 만들어줘.

워크시트나 활동지를 만들 때 꼭 엄마를 위한 해답지도 함께 만들어달라고 하세요. 예를 들어서 '일상생활에서 많이 쓰일 수 있는 은유나 비유 예시'를 각각 5개씩 보여달라고 하거나 이미지와 같이 만들어달라는 것도 좋은 방법입니다.

하나의 문장을 각각 은유와 비유로 만드는 활동지를 만들어달라는 것도 문장 표현을 연습하는 좋은 방법입니다. 예를 들어서 '내 친구는 마법사이다', '내 친구는 별처럼 빛난다'처럼 하나의 대상을 각각 다르게 표현해 보는 것입니다. 이를 통해 아이는 확실하게 구분되는 표현 방법을 연습하게 됩니다.

워크지를 보며 나올 수 있는 질문들에 대한 리스트와 그것에 대한 답을 함께 정리해 달라고 요청하는 것도 아이들의 돌발 질문에 대응할 수 있는 좋은 방법입니다.

만약 아이들이 은유나 비유 표현을 제대로 이해하지 못한다면 다음과 같은 질문을 챗GPT에 해야겠죠?

질문 예

직유와 은유는 어떻게 다른지 아이들이 이해할 수 있도록 예시를 들어 설명해 줘.

충분히 연습한 후에는 다음과 같이 질문합니다.

3가지 직유와 2가지 은유가 포함된 짧은 이야기를 쓰는 것을 도
와줘.

여기서 주의할 점이 있습니다. 엄마도 아이가 쓴 문장을 막상 보
고 이것이 비유인지 직유인지 헷갈릴 수 있습니다. 이럴 때 앞에서 설
명한 'like, as' 등의 단어가 있는지 다시 한번 상기하며 문장을 살펴보
세요. 만약 이해하기 어렵다면 아이가 적은 내용을 챗GPT에 입력해
서 직유와 은유를 구분해 달라고 해주세요.

세 번째 문장

✦

글의 마무리 단계는 세 번째 문장입니다. 엄마가 '그래서 어땠어? 어
떨 것 같아? 다음에 어떤 일이 일어날 것 같아?'라는 질문을 아이에게
하고, 이것에 대한 답을 아이가 영어 일기 마지막 문장으로 씁니다.
보통 '결심, 마음의 변화, 느낀 점, 미래에 대한 예상' 등을 쓰는 것이
라고 할 수 있죠. 이 문장은 앞에서 표현한 이야기나 사실을 바탕으로
글쓴이의 의견을 주로 다루게 됩니다.

엄마를 위한 팁이 있다면 아이에게 질문을 했는데, 답변은 했지만

아이가 영어로 어떻게 써야 할지 정작 모를 경우 모범 답안을 엄마가 먼저 보여주세요. 이때 챗GPT에 이렇게 질문해 보세요.

질문 예

'이 일에 대해서 무엇을 배웠니?'라는 결론을 쓸 거야. ○세한테 어울리는 모범 답안 3개를 만들어줘.

이때 가장 기본적인 원칙은 엄마가 챗GPT를 통해서 얻는 답변을 아이에게 바로 보여주지 말아야 한다는 것입니다. 챗GPT에 다양한 예시를 많이 요구할수록 아이가 고를 선택 폭도 넓어집니다.

또한 아이가 문장을 어느 정도만 완성했다면 그 문장 전체를 챗GPT에 입력해 주세요. 그리고 '결론형 문장, ○세에 어울리는 문장으로 완성해 줘'라고 요구할 수 있습니다. 아니면 이 '문장 전체를 완성하기 위해서 필요한 어휘는?' 등의 질문도 좋은 요청 사항입니다.

결론을 만들 수 있도록 아이에게 할 수 있는 엄마표 질문들

유형	한국어 질문	영어 질문
감정 표현	그것에 대해 어떻게 느꼈니?	How did you feel about it?

교훈/깨달음	이 일에서 무엇을 배웠니?	What did you learn from this?
생각 정리	지금 그것에 대해 무슨 생각이 들어?	What do you think about it now?
소망/다짐	다음에는 어떤 일이 일어나길 바라?	What do you hope happens next time?
의미 부여	이날이 너에게 왜 중요했니?	Why was this day important to you?
변화 관찰	오늘은 다른 날들과 어떻게 달랐니?	How was today different from other days?

세 문장에 대한 연습을 마쳤으면 이제 글의 종류에 따른 세 문장에 관해 지도합니다.

① 묘사문

구체적 사물, 사람에 대해서 보고 듣고 만지고 냄새 맡고 맛본 것을 명확하게 표현합니다. 예를 들어 '내가 가장 좋아하는 장난감(My favorite toy)'에 대해서 써보겠습니다.

우선 아이에게 엄마는 '오늘은 묘사문을 써볼 거야. 묘사문은 단순히 '내가 좋아하는 장난감은 로봇이에요' 하고 끝내는 게 아니라, 눈앞에 보이게 설명하는 글이야. 눈으로 보고, 손으로 만지고, 느낌을 표현하는 거야'라고 구체적 주제를 말합니다.

아이가 대답할 때 엄마는 묘사하기라는 종류에 맞게 질문을 강화합니다. '그 로봇은 어떤 색이야?'라는 질문으로 끝내는 것이 아니라, '그 색을 표현하는 단어를 더해볼까? 이 장난감을 보면 어떤 느낌이 들어?'라고 질문을 확장하는 것이지요.

그럼, 글의 내용은 장난감을 설명하는 사실적 정보, 구체적 묘사 그리고 감정이 됩니다. 색깔 형용사를 이용해서 챗GPT를 활용해 봅니다.

질문 예

'red and dotted, shiny and smooth, soft and warm'처럼 두 단어 묘사 표현을 만들어줘.

- -

'My favorite toy is a yellow robot'으로 시작하는 묘사문 형식의 문장 3개를 써줘.

- -

본문 내용에 로봇의 모양, 색깔, 촉감, 그리고 아이의 감정을 포함해 줘.

---

② 설명문

설명문은 보통 순서, 방법, 원인과 결과 등을 설명하면서 사실을 알려주고 정보를 제공합니다. 예를 들어서 '샌드위치 만드는 방법(How to make a sandwich)'에 관한 글을 써보겠습니다.

엄마는 아이에게 정확히 알려줍니다. '이건 설명문이야. 순서를 말해주는 글이지. 어떻게 하는지를 단계별로 알려주는 거야. 중요한 건 명령형 동사(do, put, add)로 시작하고 순서를 표현해야 해.'

이때 아이에게 전과 후의 과정을 잘 질문하고 대답을 듣는 것이 중요합니다. 샌드위치에 필요한 재료들, 그리고 손을 잘 씻고 음식을 만든 후의 정리 과정을 설명해 달라고 추가로 질문하면서 글의 이야기를 풍부하게 만들 수도 있습니다.

글을 이루는 문장 세 종류에는 순서와 동작이 나타나야 하며, 마무리 행동으로 결론짓습니다. 엄마는 챗GPT에 이렇게 질문합니다.

질문 예

'샌드위치 만드는 방법'이라는 주제의 설명문을 세 문장으로 써줘. 순서, 동작이 잘 드러나게 해줘.

각 문장에는 순서의 연결어가 반드시 들어가야 해.

재료를 준비하는 과정의 문장 1개를 서론 부분에 추가해 줘.

본문에는 요리에 필요한 기본 동사와 should 동사를 포함해 줘.

③ 의견문

주장하는 글이 될 수도 있고, 찬반 논쟁에 관한 의견이 될 수도 있어요. 의견문에서 무엇보다 중요한 것은 왜 그렇게 생각했는지에 대한 '근거와 이유'를 명확하게 뒷받침해야 한다는 것입니다.

예를 들어 '개들이 고양이보다 더 좋다(Dogs are better than cats)'라는 글을 써보겠습니다. 아이에게는 의견문에는 '내 생각+이유+예시+다시 내 생각을 말하는 글'의 구성이 필요하다는 것을 먼저 알려주세요.

그리고 예시에 대해서 '왜 그렇게 생각해?', '그걸 보여주는 예시는 뭐야?', '다른 사람은 왜 그렇게 생각해?'라고 물어보고 아이의 대답을 기다립니다. 여기서 중요한 엄마표 지도 팁은 '양쪽의 의견에 대한 근거'를 찾아볼 필요가 있다는 것입니다.

예를 들어 '개를 좋아한다'라는 의견을 쓴다면 선호하는 이유 2+'다른 사람이 할 수 있는 반대 의견 반박 1'로 구성하는 것이 좋아요. 이렇게 반대 의견에 대해 반박하는 의견문이 글의 설득력을 훨씬 높여줍니다. 즉 '다른 사람은 이렇게 생각하지만 나는 그렇게 생각하지 않아'를 통해 공감과 존중의 분위기가 강화됩니다.

이 주제에서는 '집에 돌아오면 개가 나를 편안하게 해준다'라는 근거로 시작해서 '고양이가 조용하기 때문에 더 키우기 좋다'라는 상대방의 의견을 반박할 수 있습니다. 예를 들어서 '그 말은 사실이지만, 개가 훨씬 충성스럽고 주인을 보호할 수 있다'라는 문장으로요.

상대방의 의견을 존중하면서도 왜 그 생각이 완전하지 않은지에 관해 나의 경험, 예시를 들기 때문에 좀 더 논리적인 설득이 됩니다. 글을 구성하는 문장의 세 종류는 '주장, 이유 그리고 예시'가 되어야 합니다.

이를 위해서 엄마가 챗GPT에 할 만한 질문은 다음과 같아요.

질문 예

이 의견문에 '반대 의견 한 문장'과 그걸 '반박하는 문장'을 추가해 줘.

- -

'But / However / Still / Even though' 같은 연결어를 사용해서 반박하는 문장을 만들어줘.

- -

근거에 '경험'이 들어갈 수 있게 수정하고 문장을 만들어줘.

- -

'감정적 호소', ' 경험에 호소', '정보나 통계적 자료'로 반박해 줘.

④ 이야기문

이야기문은 아이가 실제로 겪은 일 또는 상상 속의 일을 시간 순서대로 자연스럽게 풀어가는 글이에요. 하루의 흐름처럼 이야기의 시작, 중간, 끝을 연결하고 '누가, 언제, 어디서, 무엇을 했는지, 그리고 어떻게 느꼈는지를 써야 해'라고 말하고 아이에게 질문합니다.

'오늘 기억에 남은 순간은 뭐였어?'

'누구랑 있었을 때 제일 재미있었어?'

'그때 기분은 어땠어?'

이야기 글에서는 시간적 표현, 장소, 행동의 변화와 감정의 변화가 잘 드러나야 합니다. 예를 들어서 '동물원에서의 하루(A day at the zoo)'라는 주제로 글을 써봅니다.

시간과 장소 변화에 따른 행동, 그리고 감정도 잘 표현해야 하며, 글을 이루는 문장 세 종류는 인물 그리고 사건, 마지막에는 느낌으로 마무리해야 합니다. 이를 위해서 엄마는 챗GPT에 다음과 같이 질문합니다.

질문 예

공원에 간 이야기에 어울리는 연결어 3개를 알려줘.

10세 아이가 동물원 이야기에서 쓸 수 있는 감정 영어 단어 5개를
알려줘.

배운 점을 보여주는 결론 문장을 추가해 줘.

오늘 하루를 세 문장으로 이야기문처럼 써줘.

종류가 다르지만 형식이 같은 문장 3가지 정리

글 종류	기본 구조	챗GPT 활용 팁
묘사문	외형+특징+느낌 예: 뭐지? 어떻게 생겼어? 느낌은?	묘사에 집중, 감정 표현 추가 (특징 외형, 감정)
설명문	단계 설명+절차+마무리 예: 어떻게 해? 첫 번째는? 다음은?	순서 강조, 동사 중심 문장 요청 (순서, 동작, 마무리) 설명 및 대조 비교, 분석, 시간 순서대로 등 다양 (개념 및 정의가 필요해요.)

의견문	주장+이유+예시/결론 (저자의 의견) 예: 네 생각은? 왜? 예시는?	주장을 분명히, 아이가 공감할 예시 포함 (주장, 이유, 예시) (반대 의견을 역으로 사용)
이야기문	상황 설정+사건+감정 예: 언제, 누구랑, 무슨 일 있었어?	사건 중심, 느낌 표현 유도 (배경, 사건, 감정 혹은 결론)

세 문장
피드백하기

엄마표로 아이가 쓴 글에 대해 피드백할 때의 목적은 수정이 아니라 격려하고 스스로 고쳐볼 기회, 다시 생각해 볼 기회를 주는 것이에요. 그래서 칭찬으로 시작해서 구체적으로 피드백하며 질문을 확장하는 과정이 기본이 되어야 합니다.

챗GPT에 아이 글 피드백 받기

✦

엄마가 아이 글의 피드백을 쉽게 할 수 없다면 챗GPT를 활용합니다. 그 피드백 내용을 바탕으로 좀 더 낫도록 고치면 됩니다. 사실 이때 엄마들은 '어떤 글이 좋은지, 어떻게 고쳐야 하는지' 확실히 알기 어렵습니다. 이때는 엄마가 피드백한 부분은 일부 남기고, 못하는 부분에 대해 챗GPT에 요청할 수 있어요.

아이가 쓴 문장을 아래에 붙일게. 초등학생 기준으로 간단하고 따뜻한 영어 피드백을 두세 문장으로 써줘.

잘한 점 3가지와 개선할 점 1가지를 알려주고 수정된 글로 바꿔줘.

이 글을 한 문장으로 요약하고, 더 나아질 수 있는 방법을 제안해 줘.

이 글을 초등학생 수준의 영어로 자연스럽게 다듬어줘. 단, 아이의 문장 느낌은 살려주고.

이 글의 주제가 명확해? 더 명확히 하려면 어떻게 해야지?

이 이야기를 더 흥미롭게 만들기 위해 어떤 세부 내용을 추가할 수 있지?

글의 3단 구성에 맞는지 확인해 줘. 가장 부족한 부분을 어떻게 고쳐야 할까?

글의 결론이 지나치게 개인적인 느낌을 담았어. 객관성을 보충하는 문장을 만들어줘.

엄마가 챗GPT에 피드백을 요청할 때 중요한 것은 '잘못된 부분의 이유와 대안'을 반드시 묻는 것입니다. 첫 번째 피드백은 우선 글의 주제 내용의 가장 큰 범위에서 시작합니다. 그렇게 큰 범위에서 피드백을 받고 글의 서론, 본론, 결론에 맞는지를 점차 좁히면서 확인해야 해요.

문법 오류 찾기

✦

첫 번째로 주제나 글의 방향에 관해 피드백을 요청했다면 다음에는 복잡하고 헷갈리는 어법에 관해 피드백해 봅니다. 역시 챗GPT를 통해 어법적 오류를 찾아보고, 고친 문장 형태를 요청해야 올바른 피드백이 진행될 수 있습니다. 혹은 잘못된 글과 수정된 글을 보여달라고 하면서 앞으로 글쓰기 할 때 개선할 사항도 알아볼 수 있습니다.

엄마들이 주의할 점은 '어법 용어'를 아이에게 가능한 한 말하지 않기, 수정되기 이전과 이후의 글을 아이가 읽어보면서 차이점을 스스로 찾아내게 하기, 지나치게 해석에 집중하지 않기 등입니다. 단순히 틀린 어법의 정답을 확인하기보다는 비슷한 문제를 연습해서 예문을 통해 문법을 익힐 수 있도록 해주세요. 문법 학습에는 반복적인 유형 연습이 필요합니다.

아이의 글에서 아이가 말하는 톤이나 느낌이 좋다면 그것은 그대로 유지하고 문법 부분만 피드백을 요청할 수도 있어요.

질문 예

문법과 철자 오류를 고치되 아이의 어투는 그대로 유지해 줘.

- -

더 좋은 단어나 문장 표현 2가지를 제안해 줘.

- -

이 문장에서 문법적으로 틀린 부분이 있으면 알려주고, 고친 문장을 함께 보여줘. 초등학생 눈높이에 맞게 설명도 부탁해.

원문과 수정된 문장을 나란히 보여줘. 수정본이 왜 더 좋은지 10세 아이가 이해할 수 있도록 설명해 줘. 또 수정 문장을 연습할 수 있는 예시 문장도 3개 만들어줘.

영어 일기
주제 확장하기

영어 일기를 쓰자고 아이에게 무작정 말하면 아이들은 보통 한두 문장을 쓰고 멈춰버립니다.

'나는 오늘 축구를 했다. 재밌었다(I played soccer today. It was fun)'처럼요. 여기서 뭔가 아쉬운 엄마가 더 써보자고 하면, '다 썼어!' 하고는 연필을 놓죠.

하지만 정말 일기를 이렇게 끝내도 되는 걸까요? 영어 문장 확장에서는 '내가 ~을 했다'에서 일어난 일을 가능한 한 자세하게 설명하고 그것에 대한 나의 느낌과 의견을 덧붙여야 합니다. 아이에게 뭘 물어봐야 할지 모르겠다면 다음과 같은 질문을 해주세요.

① 먼저 기본 문장에서 확장합니다. '○○야, 그것에 대해 좀 더 자세하게 말해줄래?' 그럼 세부 사항을 만들게 됩니다.
② '그 일이 일어나기 전/후엔 어떤 일이 있었어?'라는 질문은

시간, 일의 순서를 표현하게 해줍니다.

③ '그때 너랑 함께 있었던 사람은 누구야?', '그 사람들은 그때 뭘 했어?' 1인칭 화법이 아닌 다른 사람들로 자연스레 이동합니다.

④ '어디에 있었어? 그곳은 어떤 곳이었어?' 엄마의 이 질문을 통해서 아이는 장소나 상황을 설명하게 됩니다.

⑤ '그때 너는 어떤 기분이 들었어?' 아이가 자신의 감정을 표현하게 됩니다.

⑥ '그 일이 너한테 왜 중요했어?' 사건이나 이야기를 통한 주제나 말하고 싶은 메시지를 자연스럽게 연결하게 됩니다.

⑦ '이 일에서 배운 게 뭐야? 어떤 점에서 도움이 되었는데?' 일어난 일을 통해서 얻은 것들이 구체적으로 어떻게 연결되는지 보여줍니다.

⑧ '위의 일어난 일에 대해서 눈, 귀, 코, 입, 손으로 느낀 걸 표현해 볼래?' 오감을 이용한 묘사글을 쓸 수 있게 됩니다.

⑨ '다시 그런 일이 생긴다면 어떻게 할 거야?' 사고 확장을 통해서 추론하는 글이 완성됩니다.

⑩ '다음엔 어떤 일이 일어나면 좋겠어?' 상상력을 동원한 미래형의 글이 완성됩니다.

아이가 '나는 오늘 일찍 일어났다'라는 문장을 썼다면, 위의 10가지 질문을 통해서 글을 확장할 수 있어요. 엄마는 챗GPT에 다음과 같이 질문합니다.

'나는 오늘 일찍 일어났다'라는 문장에서 확장할 수 있는 질문을 만들어줘.

- -

초등학생이 쓸 수 있는 영어 일기 주제 100개를 일상, 감정, 학교, 가족, 상상, 특별한 날 등 다양하게 나눠서 제안해 줘.

일기를 다양하게 쓸 수 있는 엄마표 확장형 질문들

일기 쓰기 주제 예시	아이에게 할 확장 질문
나는 오늘 일찍 일어났다. I woke up early today.	오늘은 뭐가 달랐니? 기분이 어땠어? What made today different? How did you feel?
나는 맛있는 점심을 먹었다. I had a nice lunch.	누구와 함께 먹었어? 무엇을 먹었니? Who did you eat with? What did you eat?

나는 학교에서
수학을 공부했다.
I studied math at school.

무엇이 쉬웠고,
무엇이 어려웠어?
What was easy or hard?

나는 숙제를 깜빡했다.
I forgot my homework.

그다음에 무슨 일이 일어났어?
어떻게 해결했어?
What happened next?
How did you fix it?

나는 밤에 영화를 봤다.
I watched a movie at night.

가장 재미있었던 장면은?
What was the best scene?

나는 오늘 행복하다.
I am happy today.

무엇이 너를 행복하게 했어?
다시 그런 기분을 느끼고 싶어?
What made you happy?
Would you want to feel it
again?

나는 친구에게 화가 났다.
I felt angry at my friend.

무슨 일이 있었니?
그 일에 대해 이야기했어?
What happened?
Did you talk about it?

시험 전에 긴장을 했다.
I felt nervous before my
test.

기분이 나아지게 하기 위해 무엇
을 했니?
What did you do to feel
better?

나는 집에서 심심했다.
I was bored at home.

심심할 때 무엇을 하며 시간을 보
냈어?
What did you do to pass the
time?

나는 내 자신이
자랑스러웠다.
I felt proud of myself.

무엇을 잘했니? 다른 사람들은
어떻게 반응했어?
What did you do well?
How did others react?

나는 엄마와 쇼핑을 갔다.
I went shopping with my
mom.

무엇을 샀니?
어떤 이야기를 했어?
What did you buy?
What did you talk about?

나는 동생과 놀았다.
I played with my brother.

어떤 놀이를 했어?
누가 이겼니?
What games did you play?
Who won?

아빠가 저녁을 요리했다.
My dad cooked dinner.

무엇을 만들었니? 맛있었어?
What did he make?
Was it good?

우리는 집을 청소했다.
We cleaned the house.

어떤 부분을 청소했어?
What part did you clean?

할머니, 할아버지가
우리 집에 오셨다.
My grandparents visited us.

무엇을 가져왔니?
혹은 어떤 말씀을 하셨어?
What did they say or bring?

나는 오늘 체육 수업을 했다.
I had P.E. today.

어떤 운동을 했어?
즐거웠어?
What sport did you play?
Did you enjoy it?

선생님이 나에게
스티커를 주셨다.
My teacher gave me a
sticker.

왜 받았어?
기분이 어땠어?
Why did you get it?
How did you feel?

우리는 모둠 활동을 했다.
We did a group project.

너의 역할은 뭐였어?
잘 협력했어?
What was your role?
Did you work well together?

나는 도시락을 두고 왔다.
I forgot my lunch box.

어떻게 했어? 누가 도와줬니?
What did you do?
Did anyone help?

나는 시험에서
만점을 받았다.
I got a perfect score on my
quiz.

무엇을 공부했니?
어떻게 축하했어?
What did you study?
How did you celebrate?

나는 새 친구를 사귀었다.
I made a new friend.

이름이 뭐야?
어떤 점이 마음에 들었어?
What's their name?
What do you like about them?

나는 친구와 싸웠다.
I had a fight with my friend.

왜 싸웠어? 화해했어?
What was it about?
Did you make up?

우리는 새로운 놀이를 했다.
We played a new game.

어떤 놀이였어?
또 하고 싶어?
What was it like?
Would you play it again?

친구가 나에게
비밀을 말했다.
My friend told me a secret.

어떤 기분이 들었어?
비밀을 지켰어?
How did you feel?
Did you keep it?

나는 간식을 나눠줬다.
I shared my snack.

왜 나눠줬니?
친구는 어떻게 반응했어?
Why did you share it?
How did your friend react?

나는 공원에 갔다.
I went to the park.

누구와 갔어? 무엇을 했니?
Who did you go with?
What did you do?

나는 교회에 갔다.
I went to church.

무엇을 배웠어?
What did you learn?

나는 하루 종일
집에 있었다.
I stayed home all day.

무엇을 했어? 지루했어?
What did you do?
Was it boring?

나는 사촌 집에 놀러 갔다.
I visited my cousin's house.

무엇을 하고, 무엇을 먹었어?
What did you play and eat?

나는 주말에 책을 읽었다.
I read a book this weekend.

어떤 이야기야? 재미있었어?
What was the story about?
Did you like it?

나는 의사가 되고 싶다.
I want to be a doctor.

왜? 사람들을 어떻게 돕고 싶어?
Why? What would you do to
help people?

나는 우주여행을
상상했다.
I imagined flying to space.

무엇을 보았니?
누구와 있었어?
What did you see?
Who was with you?

나는 재미있는 꿈을 꿨다.
I had a funny dream.

꿈에서 무슨 일이 일어났어?
What happened in the
dream?

만약 내가 로봇이 있다면….
If I had a robot….

그 로봇은 무엇을 하게 할 거야?
이름은 뭐로 할 거야?
What would your robot do?
What would you name it?

나는 무언가를
발명하고 싶다.
I want to invent something.

무엇을 발명하고 싶어?
누가 사용할까?
What would you like to
invent?
Who do you think would use
it?

하루 종일 비가 내렸다.
It rained all day.

실내에서 뭘 했어?
What did you do indoors?

눈이 많이 내렸다.
It snowed a lot.

밖에 나갔어?
눈사람을 만들었니?
Did you go outside?
Did you build a snowman?

바람이 많이 부는 날이었다.
A windy day!

바람이 무엇을 날려버렸니?
What did it blow away?

아주 더운 날이었다.
It was very hot.

뭘 입거나 먹었어?
What did you wear or eat?

벚꽃이 아름다웠다.
The cherry blossoms were beautiful.

또 다른 뭘 했어?
What else did you do?

내 생일은 정말 멋졌다.
My birthday was amazing.

가장 좋은 선물은 뭐야?
What was the best gift?

우리는 현장학습을 갔다.
We went on a field trip.

어디로 갔어? 무엇을 배웠니?
Where did you go?
What did you learn?

크리스마스였다.
It was Christmas.

어떻게 축하했어?
How did you celebrate?

우리는 학교 축제를 했다.
We had a school festival.

무엇을 했어? 긴장됐니?
What did you do?
Were you nervous?

나는 상을 받았다.
I got an award.

무슨 상이었어?
기분이 어땠어?
What was it for?
How did you feel?

Chapter 4

10분 자유
영어 글쓰기

01

우리 아이 작가로 만들어주는
영어 첫 문장

'영어 첫 문장을 어떻게 써야 하지? 영어 일기를 쓸 건데, 매번 I로 똑같이 시작해야 하나?'라는 질문, 한 번쯤은 해보셨죠?

비단 영어 일기뿐만이 아니라 모든 글의 첫 문장은 그 중요성을 아무리 강조해도 지나치지 않은데요. 사실 우리 아이들의 가장 큰 고민은 '뭘 쓰지?'입니다. 그리고 그 후에 어떻게 쓸지 생각해야 합니다. 아이들 모두 '무엇'에 대해 고민합니다. 책을 읽고 '북 리포트로 뭘 쓰지? 일기는? 감상문은 무엇을 쓸까?' 하고 고민하는 것부터 영어 글쓰기는 시작됩니다.

이 고민을 잘 해결한 후에 찾아오는 과정이 바로 첫 문장이에요. '무엇'에 대해 고민하다 보면 다양한 글쓰기 종류를 접하게 돼요.

시간 순서대로 이야기하듯이 쓰는 서술하기, 시, 드라마, 간단한 대화 등의 창작하는 글인 창작 글쓰기, 무언가를 직접 보여주듯 자세히 설명하며 묘사하기, 하나의 문제나 주제에 대해서 자신의 의견을 상대방에게 강력하게 설득하는 글(설득하기, 논쟁하는 글) 등이 있어요. 이 다양한 종류의 글 모두에는 첫 문장이 필요합니다.

서점에서 대부분 사람들은 책 제목을 보고 표지나 목차를 살펴보고 그 뒤에 첫 페이지를 읽죠. 독자에게 '아, 이런 글이구나! 이런 글을 쓴다는 거구나!'라는 느낌을 주는 부분, 바로 이것이 첫 문장의 힘이라 할 수 있습니다.

여기서는 글을 읽는 사람과 글을 쓴 사람의 연결 고리인 첫 문장의 사례를 살펴보겠습니다. 외국인에게 한국을 소개하는 편지를 쓴다고 가정해 볼게요. 브레인스토밍 작업을 잘 거쳐왔다면 '무엇을 써야 할지'에 대한 글 재료가 충분할 거예요. 그 후의 작업은 첫 문장을 선택하는 과정이에요. '한국이란 나라가 갖는 의미, K-컬처를 만드는 힘, 과거와는 다르게 현대에 가장 유명하고 인기 있는 장소나 음식에 대한 분석' 등을 다룬 문장으로 글을 시작한다면, '나는 한국에 대한 ○○를 소개할 거야'라는 문장보다 훨씬 효과적인 관심을 받을 수 있습니다.

또는 '나는 오늘 8시 20분에 일어나서 늦었다'라는 문장보다는 '오늘은 최악의 날이다. 늦잠을 잤기 때문이다'라는 결론부터 말하는 형식의 글이 좀 더 흥미롭죠.

이런 의미에서 글의 첫 문장은 굉장히 중요한 역할을 해요. 첫 문장은 글을 읽는 독자에게 '왜 이걸 읽지? 이 글 읽고 싶은데?'라는 생각을 심어주는 역할을 해요. 정리하자면, 첫 문장은 글 속으로 들어가는 문이 됩니다. 글을 읽을지 안 읽을지 정하는 독자 혹은 평가하는 채점관에게 이 글이 어떤 글인지를 보여주는 얼굴이기 때문이죠.

우리가 수많은 유튜브 영상 중 하나를 선택해서 보는 이유는 결국 '섬네일'의 힘 때문이잖아요. 넘쳐나는 영상 속에서 내 문제나 상황을 정확히 파악한 한마디가 보이면 바로 클릭하게 됩니다. 영어 글의 첫 시작도 결국 이런 역할을 담당합니다.

영어는 '내가 하고 싶은 말을 먼저 하는 I 중심', 즉 명사 중심의 언어입니다. 영어 말하기나 글쓰기 테스트들 중 하나인 아이엘츠, 토익 스피킹, 토플 등을 보더라도 먼저 자신의 생각이나 의견을 강력하게 주장하고 그 뒤에 사례, 이유를 들게 하는 답변 전략이 더 높은 점수를 얻는 지름길이에요.

이런 공식처럼 영어 첫 문장의 후킹에서도 결론부터 말하고 그 뒤에 뒷받침할 이유나 예시를 드는 형식을 취하는 것이 성공적인 첫 문장의 요소라 할 수 있어요.

그럼, 본격적으로 첫 문장 쓰기를 알아볼게요. 글의 종류나 목적에 맞게 다양한 방법의 첫 문장 쓰기를 연습해 보세요.

질문을 통한 문장 시작

✦

'○○에 대해 알아? 들어보거나 해봤니?' 하며 경험을 묻거나 '일반적으로 앵무새가 200살까지 살 수 있다는 사실을 알고 있나요?' 등의 통계적, 경험적 정보를 묻는 질문형 시작은 가장 보편적이고 대표적인 글의 첫 시작입니다. '이 문제가 심각하다'라는 문장보다는 글을 읽는 사람들의 흥미나 궁금증을 유발할 수 있기 때문이죠.

아이가 질문으로 첫 문장을 쓰기 어려워한다면 먼저 어떤 종류의 글인지, 독자가 누구인지를 아이와 함께 분석해 주세요. 정확한 분석을 바탕으로 챗GPT에 예시 질문을 몇 개 달라고 하면 됩니다.

질문 예

주제가 '환경'인데 초등학교 5학년 대상으로 설득하는 글을 쓸 거야. 가장 적합한 질문형 첫 문장 5개를 보여줘.

글을 쓰는 아이는 ○○세, ○○ 레벨인데 어떤 식의 문장이 좋을까?

아이를 위한 10가지 샘플 질문을 만들어줘.

만약 아이가 정확한 주제를 모른다면, 아이에게 제시된 예시 문장 중에서 '가장 맘에 드는 문장이 무엇인지, 왜 그런지'를 묻고 '그 질문에 어떤 대답을 할 거야?'라고 질문해 주세요.

다양한 질문으로 글을 시작하면 그다음에는 '질문한 주제어'의 개념을 설명합니다. 예를 들어서 '환경적 요소가 어떻게 성격에 영향을 미치나?'라는 주제의 글에서는 '환경적 요소, 성격'의 개념을 정확하게 설명해야 합니다. 개념을 설명하지 않고 질문만 한 글은 기준이 모호해서 글을 쓴 정확한 목적을 이해하기 힘들 수 있습니다. 또한 개념을 설명해야 글을 쓸 때, 일괄된 방향으로 전개할 수 있습니다.

전문가나 학술지 인용으로 시작

✦

'알베르트 아인슈타인에 따르면 상상력은 지식보다 훨씬 중요하다'라는 문장이나 '~분야의 전문가는 말한다'라는 문장을 보면 신뢰성이 생깁니다. 만약 이 문장에 아인슈타인 대신 'my mom', 'Joy', 'friend' 등이 나오면 지극히 개인적인 일기가 되겠죠. 신뢰할 수 있는 전문가들의 말을 인용하며 시작하는 문장은 그만큼 글의 객관성을 만들어주죠. 이런 문장은 정보성 글이나 설명하는 글에 좋은 첫 시작이 될 수 있습니다.

전문가 인용을 위한 문장을 만들기 위해서는 챗GPT에게 이렇게 묻습니다.

아이 글의 첫 문장을 전문가 인용으로 시작하고 싶어. 초등학생이 쓸 수 있을 만큼 쉬운 예문 3개를 만들어줘. 실제적 기사, 정보를 바탕으로 하거나 출처가 정확한 인용을 찾아줘.

이때 주의할 점은 챗GPT가 '전문가의 말을 인용한 듯한 글을 만드는 오류'를 발생시키기도 한다는 것입니다. 그래서 반드시 실제 사례, 연구, 인용문인지를 확인해 달라는 요청을 함께해야 합니다. 즉 정보의 진위 유무를 확인해 주세요. 어디에서 찾은 글인지 정확한 출처를 함께 묻습니다.

이때도 중요한 점은 선생님이나 연구자의 말을 챗GPT가 인위적으로 만들어낼 위험이 있기 때문에 반드시 실제 연구자나 선생님이 한 말인지 확인하는 질문도 해야 한다는 것입니다. 챗GPT를 사용할 때 숙지해야 할 주의 사항은 챗GPT 역시 오류를 생성할 수 있다는 점, 지나치게 완벽하거나 반복적인 표현이 있는지 확인, 표절 검사 등을 늘 생각해야 한다는 점입니다.

통계 자료를 이용하면서 시작

✦

통계나 수치를 이용하는 첫 시작은 정보성, 설득형 글에서 좋은 효과를 만듭니다. '햄버거는 건강에 나쁘다'라는 글보다는 '햄버거는 칼로리가 높아서 하루에 ○○명을 비만하게 만들고 한 끼에 ○○의 콜레스테롤을 포함하고 있다'라는 글이 훨씬 더 신뢰 있고 정확해 보이죠? 아이들은 '많은, 약간, 조금' 등으로 애매하게 표현하는 글을 쓰곤 하는데 엄마들은 이 부분을 좀 더 객관적으로 바꿔 달라고 챗GPT에 질문해야 합니다.

예를 들어 '요즘 아이들이 휴대폰을 많이 사용한다'라는 문장이 있다면, 이 문장에 관해 챗GPT에 다음과 같이 질문합니다.

질문 예

객관적인 수치를 담아서 표현해 줘.

- -

'많이 써요.' 대신 실제 비율이나 통계를 사용해서 객관적인 문장으로 표현해 줘.

- -

'many', 'some'이라고 쓴 부분을 통계 자료를 나타내는 어휘로 바꿔서 정확성을 살릴 수 있는 첫 문장으로 수정해 줘. 그리고 원문과 비교한 다른 활용 예문도 3개 만들어줘.

극적인 반전을 이용한 시작

✦

극적인 반전은 '알고 있거나 예상했던 기준이 아니라 차이점을 보여주거나 대조하는 형식'이라 할 수 있습니다. 예를 들어 '패스트푸드가 미국을 죽이고 있다'라는 강한 문장을 표현하면서 패스트푸드의 부작용에 대한 경각심을 일깨울 수 있습니다. 혹은 '예전에는 ~했지만 지금은 아니다'라고 과거와 현재를 비교하면서 차이점이나 극적인 변화를 보여주기도 합니다.

이때 엄마는 먼저 '비교하고 대조하는 것'의 차이점을 아이에게 정확하게 알려주세요. '비교는 같거나 비슷한 점을 말하는 거야. 대조는 다른 점을 말하는 거야. 둘을 글에서 함께 쓰면 글이 훨씬 재미있고 네 생각이 깊어져!'처럼요.

두 개념을 아이가 이해했다면, 아이에게 비교나 대조를 할 수 있는 질문을 먼저 제공해 주는 것도 엄마표 팁입니다. 엄마는 아이가 확실하게 비교, 대조할 수 있도록 질문해 주세요. '집에서 노는 거랑 학교에서 노는 건 뭐가 달라? 첫 번째 여행이랑 두 번째 여행 중 어떤 게 더 좋았어? 작년과 지금을 비교해 보면 뭐가 달라졌을까?' 등의 질문은 가장 쉽게 접근할 수 있는 반전 유도형 질문입니다.

하지만 어떻게 대조나 비교를 해야 할지 아이가 모른다면 챗GPT에 다음처럼 질문해 봅니다.

비교와 대조로 글을 쓰는 방법을 초등학생이 이해할 수 있게 예시 문장 3개와 쉬운 설명을 써줘.

'패스트푸드가 몸에 나쁘지만 사람들이 여전히 많이 먹는다'라는 반전 아이디어로 시작하는 문장을 만들어줘. 초등학생 3학년 수준에 맞춰서.

비교, 대조에 사용하기 좋은 주제

한국어 주제	영어 주제
낮과 밤	Day vs. Night
코믹북과 TV 쇼	Comic Books vs. TV Shows
단독주택과 아파트, 어느 것이 더 나은가?	Living in a House or an Apartment: Which Is Better?

자는 것과 활동하는 것	Sleeping vs. Being Active
스파이더맨과 슈퍼맨	Spider-Man vs. Superman
여름과 겨울	Summer vs. Winter
이탈리아와 스페인	Italy vs. Spain
랩과 팝송	Rap vs. Pop Music
파충류와 포유류	Reptiles vs. Mammals
물건 빌리는 것과 소유하는 것	Borrowing vs. Owning
달리기와 걷기	Running vs. Walking
성인기와 어린 시절	Adulthood vs. Childhood

서술형 문장으로 시작

✦

아이들의 첫 문장에서 가장 쉽게 발견되는 것은 '내가 ~을 쓸 것이다. 이 글은 ~에 대한 것이다'라는 서술형 문장입니다. 즉 자신이 말하고자 하는 주제와 내용을 그대로 말하는 구조입니다. 문법적으로 틀린 것은 아닌데 뭔가 밋밋하죠?

여기서 중요한 엄마표 방법은 글을 '말하는 것'이 아닌 '보여주는 것'으로 연습하도록 하는 것이에요. 글의 도입부에서 '경험, 감정, 상황, 사건'을 주제로 자연스럽게 연결해 보는 것인데요.

예를 들어 '이 글은 내 생일에 관한 것이다(This essay is about my birthday)'라는 첫 문장을 썼다고 가정합니다.

이때 엄마는 아이에게 '이 문장에 '시간, 감정, 사건'이 들어가게 바꿔볼래?'라고 물어봐 주세요. 즉 눈에 보이는 것처럼 묘사하는 연습이 필요합니다.

챗GPT에는 다음과 같이 질문합니다.

질문 예

○○가 ○○라는 문장을 썼어. 그날 있었던 일(이 문장)을 서술형 도입문으로 바꿔줘. 초등학생 수준으로.

그리고 이 문장이 주제와 연결될 수 있도록 지도해 주세요.

챗GPT를 활용한 엄마표 질문들은 다음과 같습니다.

질문 예

이 주제로 경험을 묘사하면서 글을 시작하는 문장 3개를 만들어줘.

○○의 감정이 느껴지는 영어 문장을 시작하게 도와줘. 좀 더 연습해 볼 수 있는 다른 문장도 5개 만들어줘.

이야기처럼 글을 시작하고, 주제와 연결되는 한 줄을 덧붙여줘.

아이 글의 주제 연결이 조금 부족한 것 같아. 어떻게 보완하면 좋을지 수정본을 만들어주고, 왜 잘못되었는지 아이 눈높이에 맞게 설명해 줘.

일기처럼 '누가, 어떻게, 무엇을, 왜, 언제, 어디서 했다'라는 형식의 첫 문장으로 ○○ 주제에 맞게 영어 문장을 만들어줘.

02
글이 더 풍성해지는 본문 쓰기

이제 글의 분량을 가장 많이 차지하는 본문에 대해 알아볼게요. 본문에서는 대체 무엇을 어떻게 작성해야 할까요? 서론을 간신히 마친 부모님들의 고민이 더 커지는 단계, 그리고 딱 '글쓰기를 그만해야 하나?' 하는 생각이 드는 순간이 바로 본문을 쓸 때입니다.

글의 본문은 생각을 증명하고 이야기를 발전시키는 중심 부분이에요. 서론이 '문을 여는 부분'이라면, 본문은 '독자를 글 안으로 초대하는 이야기의 방'입니다.

보통 글이 다섯 단락이라면 그중 세 개 단락이 본문에 해당합니다. 세 단락의 글이라면, 두 번째 단락부터 곧 본문이죠. 즉 글의 양으로 보나 의미로 보나 본문이 글의 70퍼센트를 차지한다고 할 수 있습니다. 어느 정도 서론을 완성했는데, '근거가 부족하다, 구체성이 떨어진다, 반복된 이야기가 많다, 현실적이지 못하다, 체계적이지 못하다'라는 피드백이 나오는 이유 중 대부분은 바로 본론이 잘 만들어지지 않았기 때문입니다.

예를 들어 맛집에 갔는데 식당 직원들도 친절하고 인테리어도 멋지고 접시도 예뻐요. 그런데 막상 음식을 먹었는데 '웩!' 맛이 없습니다. 그렇다면 그 식당은 다시 가고 싶지 않겠죠?

글도 똑같아요. 서론이 멋지더라도 본문에 구체적인 근거, 이유, 예시가 없으면 '겉만 번지르르한 글'이 되어버립니다. 즉 본문은 글의 '맛'을 결정짓는 핵심 부분이에요.

본문은 주제와 목적에 따라 달라지지만, 기본적으로 다음과 같은 종류로 쓸 수 있어요.

이유나 근거

✦

중심 문장에 대해 왜 그렇게 생각하는지를 쓰는 부분입니다. 하지만 아이들의 글은 단순합니다. '패스트푸드는 나쁘다(Fast food is unhealthy)' 처럼요. 여기서 '왜?'라는 근거 찾기 훈련을 해야 하는데요.

앞서 첫 문장 쓰기에서 살펴본 것처럼, '왜 그렇게 생각해? 그게 사실이야? 얼마나 그런데?' 등을 통해 수치를 찾습니다. '책이나 뉴스에서 그런 얘기 본 적 있어?' 등으로 정보의 출처를 물어봐요.

만약 아이가 '기름이 많다(It has a lot of fat)'라고 하면 엄마는 챗GPT에 이렇게 묻습니다.

'패스트푸드는 나빠. 기름이 많기 때문이야'라는 문장을 ○○가 썼어. 이 문장을 근거형 단락으로 바꿔줘. 실제 수치나 정보를 이용해서 사실적인 근거를 찾아줘.

사실적이거나 정확한 근거가 나오면 양을 단순하게 표현한 '약간, 많이, 조금, 덜' 등의 부분과 확실하게 입증된 부분이 어떻게 다른지 설명해 주세요. 아이가 더 신뢰할 수 있는 문장을 직접 고르면 더 확실한 차이를 느낄 수 있습니다.

예시

중심 문장의 예시를 보여주는 부분입니다. 아이들은 쉽다고 여기지만 실제로는 글쓰기에서 가장 많이 어려워합니다. 예를 들어 '다른 사람들을 돕는 것은 중요하다'라는 문장을 볼게요. 문장 안에 구체적 예시가 없습니다. 이때 엄마는 아이에게 다음과 같이 질문합니다.

'누굴 도와준 적 있지?'

'그게 언제였어? 그때 너는 뭐 했어?'

'그 사람은 뭐라고 했어?'

이 질문과 대답 활동을 하면서 '예를 들어서'라는 연결어를 추가할 수 있도록, 그리고 그것을 감정이나 의견과 연결하는 본문을 만들도록 아이에게 알려줘야 해요.

'그 일, 그 경험을 실제로 해본 적 있어?'라고 묻는 것이 예시형 본문의 첫 질문입니다. 그리고 반드시 '감정의 변화'를 아이에게 질문해서 확인하세요.

'친구가 책을 떨어뜨렸을 때 도와줬었어(I helped my friend when she dropped her books)'라는 문장을 아이가 썼다면 엄마는 챗GPT에 질문합니다.

질문 예

아이의 문장이 'I helped my friend when she dropped her books'인데, 'for example'이 포함된 예시 중심 문단으로 만들어 줘. 아이의 감정 표현도 추가해 줘.

이 활용에서도 예시 문장이 있을 때와 없을 때의 느낌을 대조해 주세요. 예를 들어 '도와주는 행위는 남과 나에게 유용한 일이다'라는 문장의 실제 예시가 있다면 '○○가 ~했을 때 나는 ~를 도와주었다. 그때 ~한 기분이 들었고 ○○도 그 문제를 잘 해결했다'라는 문장을 쓸 수 있습니다. 구체적이고 좋은 예시입니다. 이런 예시가 없다면 '도와주는 것은 좋다. 유익하다'라는 반복적인 문장만 쓰게 되겠죠? 즉 구체적인 예시는 영어 글의 내용을 풍부하게 해주고 재미와 신뢰도를 높여줄 수 있는 요소입니다.

원인과 결과

✦

문제가 생긴 원인과 결과, 그리고 그것에 대한 해결책을 보여주는 부분입니다. 논리 훈련의 핵심이에요. 여기서는 '왜?'와 '그래서?'라는 두 단어로 충분합니다.

예를 들어 지각한 아이에게 엄마는 묻습니다. '오늘 왜 지각했지? 그래서 무슨 일이 생겼어?'라고요. 아이가 '알람 안 맞춰서 늦었어. 그래서 버스 놓쳤어'라고 대답한다면 다시 엄마는 아이에게 묻습니다. '버스를 놓쳐서 어떻게 됐어?' 엄마가 질문했지만 보통 아이의 글쓰기는 'I woke up late and missed the bus'입니다.

엄마는 이 문장을 챗GPT에 입력해서 원인과 결과를 나타내는 본문을 요청합니다. 원인과 결과에 관한 본문은 자연스럽게 다음의 행동, 결심이나 해결책을 포함해야 해요. 그래서 현재에서 미래의 시제로 연결해 줍니다.

○○의 문장이 'I woke up late and missed the bus'야. 원인과 결과가 자연스럽게 연결된 영어 문단으로 만들어줘. 'because, so, as a result'가 포함되게 하고, 마지막에 해결책이 나오게 'Next time, I will…' 문장으로 마무리되게 써줘.

'성찰'할 수 있는 문장을 만들어달라고 엄마가 챗GPT에 질문하면 '~할 거야. ~하지 않을 거야' 등 변화나 행동을 촉구하는 결론으로도 연결될 수 있습니다.

자연스러운 시제 변화를 문장 안에서 쓸 수 있고, 과거-현재-미래로 연결되는 어휘도 추가할 수 있습니다. 예를 들어 '예전에는, ~년 전에는'부터 '현재, 최근 상황에는', 그리고 '~년 안에, ~주 후에, 내년에는' 등의 어휘가 추가될 수 있습니다.

보통 본문은 원인 1-결과 1, 원인 2-결과 2로 구성할 수 있습니다. 또 내부적인 원인, 외부적인 원인, 개인적인 원인, 집단적인 원인 등으로도 세분화할 수 있습니다. 초보 단계가 지나면 원인과 결과에 대해 이렇게 여러 형태로 연습해 볼 필요가 있습니다.

비교와 대조

2가지를 비교하면서 공통점과 차이점을 보여주고 자기 생각을 덧붙이려면 먼저 어떤 주제들이 글에 적합한지를 찾아야 해요. 2가지 이상의 주제를 갖고 '어떤 것이 더 좋은지 싫은지?'를 아이에게 물었을 때 그 이유를 설명하는 부분이 본문이 됩니다.

예를 들어 '여름은 덥다, 그러나 겨울은 춥다(Summer is hot, but winter is cold)'라는 문장으로 비교, 대조하는 본문을 만들어보겠습니다. 이 문장은 단순한 비교는 했지만 구체적 예시가 부족한 본문이에요.

이를 개선하기 위해서 엄마는 '여름하고 겨울 중에 어느 계절이 더 좋아? 그 이유를 그냥 말하지 말고, 네가 그 계절에 했던 일을 떠올려봐'라고 경험의 차이에 대해 질문합니다. 답변을 보충하기 위해서 '그때 뭐 입었어? 어디 갔었어? 뭘 먹었니?' 등의 사실적 질문을 합니다. 아이가 '여름에는 수영을 했고 겨울에는 눈사람을 만들었어' 등으로 대답하겠죠? 이 문장을 바탕으로 '나는 여름이 좋다. 왜냐하면 수영할 수 있어서이다. 겨울엔 집에 머무른다(I like summer because I can swim. In winter, I stay inside)'란 문장을 아이가 썼습니다.

그러면 엄마는 챗GPT에 다음과 같이 질문해요.

> ### 질문 예
>
> ○○가 쓴 문장을 바탕으로 비교, 대조 구조가 잘 보이는 네 문장짜

리 영어 문단을 만들어줘. 초등학생 수준으로, 두 계절의 차이를 구체적으로 표현해 주고. 두 계절의 차이를 나타낼 때는 12세가 할 수 있는 경험을 예시로 들면서.

이렇듯 비교와 대조를 이용한 본문에 '공통점 1개, 차이점 2개, 그리고 선호하는 예시 1개' 문장의 구성 요소를 만든다면 자세하면서도 납득이 가는 글이 완성됩니다.

비교, 대조에서는 '~와는 다르게, ~와 비교해 보면'처럼 명확한 기준을 갖고 각 요소를 구분하는 연습을 할 수 있습니다. 이때 엄마는 같은 기준과 범위에서 아이가 비교하고 대조할 수 있게 해주세요. 예를 들어 개와 고양이를 비교하고 대조하는데 갑자기 금붕어를 예시로 넣거나 개의 생활 패턴, 고양이의 주 음식을 비교하면 안 되겠죠?

시간 순서

✦

아이들에게 가장 익숙한 구조예요. 일어난 순서대로 말하는 이야기 형태입니다. 대부분의 아이는 이렇게 써요. '나는 어제 여행을 갔다. 재밌었다(Yesterday, I went on a trip. It was fun).' 짧고 심심하죠?

그래서 엄마는 아이가 사건의 순서와 감정의 흐름을 의식하게 도와줘야 해요. '어제 소풍 갔지? 먼저 뭐 했어? 그다음엔? 마지막엔?'

이렇게 구분해서 질문하고 '그때 기분이 어땠어?'라는 질문도 추가합니다. 또한 연결어 '처음에는, 그다음에, 마지막에는(First, Next, Finally)의 개념'을 알려줍니다.

여기까지 배운 아이가 '먼저 버스를 탔고, 다음엔 점심을 먹었고, 마지막엔 게임을 했다(First, we got on the bus. Next, we ate lunch. Finally, we played games)'라고 글을 썼어요.

엄마는 이 문장을 챗GPT에 질문합니다. 시간 순서를 물어볼 때는 장소나 사람의 감정도 함께 바뀌었는지를 확인해 주세요.

질문 예

아이가 'First, we got on the bus. Next, we ate lunch. Finally, we played games'라고 썼어. 시간 순서가 자연스럽게 이어지는 하나의 단락으로 초등학생이 쓸 수 있는 연결어(then, after, finally 등)와 감정 단어(happy, excited 등)를 추가해서 완성해 줘.

단순한 이야기 변화가 아니라 감정 변화를 확인해 주고, 그 문장을 추가할 수 있는 예시 문장 1개와 연습할 수 있는 문장을 만들어줘.

아이들이 큰 어려움 없이 쓸 수 있는 문장 형태이며, '규칙이 필요한 글'에서도 활용할 수 있습니다. 예를 들어 '~작동하는 방법, ~요리하는 방법, ~만드는 방법' 등에 관한 글에서 시간 순서를 활용할 수 있습니다. 이러한 문장은 아이들에게 다양한 시제, 순서, 숫자를 연습할 수 있게 해줍니다.

묘사하기

✦

아이들은 글을 쓸 때 자주 이렇게 말해요. '그 공원은 멋져. 그건 아름다워' 등으로요. 이 문장의 공통적 실수는 '어떻게 아름답고, 얼마나 멋진지'가 빠져 있다는 겁니다.

　묘사형 본문은 바로 이 부분을 채우는 것입니다. 오감을 이용해서 느낄 수 있는 문장을 만들도록 아이와 연습해 봅니다. 즉 문장으로 그림을 그린다고 생각해 주세요. 이를 위해서 엄마는 아이에게 다음과 같이 물어봐 주세요.

　'눈을 감고 그 장면을 다시 떠올려봐. 무슨 색이 제일 먼저 눈에 들어왔어?'

　'햇빛이 어땠어? 반짝였어? 어두웠어?'

　'뭐가 보여? 뭐가 들려? 어떤 냄새가 나? 어떤 맛이 나? 어떤 느낌이야?'

　'재밌었다 말고 다른 표현은 뭐가 있지?'

　'또 뭐가 보였어?'

'그 소리를 들으니까 기분이 어땠어?'

'그 꽃이 어떤 색이었어? 냄새도 났었어?'

'그 음식을 먹으니까 뭐가 생각났어?'

바로 오감 활용에 관한 질문이 글의 재료가 되고 문장이 됩니다.

이 오감 부분을 단독이 아니라 연결해서 감정 의견으로 표현하는 것입니다. 즉 보고 듣고 들으면서 상상하고, 맛을 보면서 냄새를 느낄 수 있게 해주는 복합 문장이 바람직합니다.

여기서 주의할 점은 엄마 스스로도 어떤 문장 형태가 단순 문장인지 복합 문장인지 구분하기 어려울 수 있기 때문에 챗GPT를 통해 먼저 확인해 보는 과정이 필요하다는 것입니다.

질문 예

영어 문장에서 초등학생 대상의 '단순 문장, 복합 문장'이 무엇인지 설명하고, 쉬운 예시 문장을 각각 3개 만들어줘.

예를 들어 '공원은 아름다웠다(The park was beautiful)'라는 문장에 관해 엄마는 챗GPT에 묻습니다.

'The park was beautiful'이라고 아이가 글을 썼어. 이 문장을 'smell, sound, color, touch' 등 감각 표현이 들어간 네 문장으로 확장해 줘.

아이의 문장을 묘사형 글로 만들 거야. 아이가 느낀 감각으로 시작해 감정으로 끝나게 만들어줘. 특별히 촉감을 살릴 수 있는 어휘를 3개 넣어서 예시 문장을 만들어줘.

03

영어 글쓰기를 마무리하는 마지막 문장

글의 결론에서는 단순히 동의어를 나열하는 것이 아니라 다른 말로 바꾸어 쓰기를 통해 요약하도록 유도해야 합니다. 보통 '반복을 피해'라는 피드백 때문에 똑같은 단어를 피해서 동의어만 쓰는 경우가 있는데요. 그건 바르지 않은 결론 쓰기입니다. 결론에서 글의 핵심 메시지를 재구성하는 연습을 해야 합니다.

아이들에게 '결론을 써보자'라고 하면 이렇게 쓰는 경우가 많아요.

'결론적으로 재활용은 중요하다(In conclusion, recycling is important).'

'우리는 재활용을 해야 한다(We should recycle).'

'재활용은 지구를 도와준다(Recycling helps the Earth).'

이 문장들은 같은 단어인 recycling을 반복하면서 핵심 메시지를 새롭게 요약하지 못했어요. 이건 결론이라기보다 '복사된 문장'에 가까워요.

이때 아이에게 이렇게 말해주세요.

'결론은 처음에 쓴 걸 반복하는 게 아니라, 네 생각을 다시 꺼내서 '이제는 이렇게 알게 됐어요'라고 말하는 부분이야.'

즉 결론은 깨달음과 성장 과정을 보여주는 것입니다. 잘 쓴 결론의 핵심은 같은 단어를 무조건 피하는 게 아니라, 그 단어를 포함한 생각을 새롭게 연결하고 확장하는 것이에요.

결론과 관련하여 의견을 묻는 질문은 '결국 너의 생각은 뭐야?' 등입니다.

감정에 호소하는 결론은 '이 글을 쓰고 나니 감정이 어땠어?' 등입니다.

유익한 메시지인 교훈형 결론은 '이 글을 통해서 뭘 배웠어?' 등입니다.

서론을 다시 한번 짚어보는 연결형 결론은 '이게 처음 주제랑 어떻게 이어질까?' 등입니다.

대표적인 엄마표 질문은 '글을 쓰기 전과 후에 네 생각이 달라졌어?' 등입니다.

이를 위한 엄마표 챗GPT 질문은 다음과 같습니다. 아이가 아예 글의 내용을 요약하지 못하는 상황부터 좀 더 적절한 구조가 필요한 상황까지 세분화해 물어볼 수 있습니다. 감정형으로 끝낼 것인지 행동 변화를 촉구할 것인지 종류별로 다양한 결론이 나올 수 있습니다.

아이가 쓴 글의 핵심 메시지를 한 문장으로 요약해 줘.

이 글의 주제를 다시 말하되, 같은 단어를 반복하지 않고 자연스럽게 표현해 줘.

이 경험에서 느낀 감정을 좀 더 구체적으로 표현하도록 문장을 바꿔줘.

이 글의 내용을 바탕으로 아이가 깨달음을 표현하는 문장 3개를 제시해 줘.

'At first, But now' 구조를 사용해서 아이가 느낀 변화를 표현해 줘.

이 경험이 아이의 다음 행동인 미래 계획과 연결되도록 문장을 바꿔줘.

'Next time, I will⋯, From now on, I will⋯'로 시작하는 결론 문장 3개를 만들어줘.

이 글의 마지막 문장을 질문형으로 끝내서 생각을 남기게 해줘.

읽는 사람이 스스로 생각하게 만드는 마무리 질문을 만들어줘.

이 글의 문제점을 해결하는 결론 문장을 제시해 줘.

이 경험에서 배운 것을 다음 문제 상황에 어떻게 적용할 수 있는지 외부적·내부적 요약문을 각각 만들어줘.

서론에 나온 주제어를 반복하되 새로운 의미로 마무리해 줘.

이 글의 첫 문장(서론)과 자연스럽게 연결되는 결론 문장을 만들어줘.

이 주제를 친구나 가족의 시점에서 본다면 어떤 결론이 나올지 보여줘.

엄마나 선생님 입장에서 쓴 결론 문장을 하나 만들어서 ○○의 글과 비교하게 해줘.

04

IB 인재를 위한
영어 어휘 활용법

우리 어른들에게는 《Vocabulary 22000》 혹은 《필수 영단어 ○○
○》 등의 책을 갖고 다니면서 영어 단어를 외우던 때가 있었습니다.
마치 누가 누가 단어를 많이 아는지 시합이라도 하듯이 매일 몇십 개
부터 몇백 개의 단어를 외우면서 경쟁했습니다. 공책 반쪽에 단어에
맞는 철자를 기계적으로 적거나, 아니면 적혀 있는 철자를 보고 단어
뜻을 한글로 단숨에 쫙 쓰는 시험을 보기도 했습니다. 학원 선생님들
이 '다 맞혀야 집에 보내준다'라는 엄포를 매일 하곤 했지요. 비단 과
거의 영어 공부 방법만은 아닙니다. 지금도 그렇게 공부시키는 학원
시스템이 있습니다.

물론 시험용 어휘가 부족한 학생들이 단기간에 몰입하듯 단어 수

를 늘리는 것이 꼭 부정적인 것은 아닙니다. 하지만 그렇게 단어 테스트 100점을 받고 매일 똑같은 단어 'bad, good'만 사용하고 있다면? 심각하게 다시 생각해 보아야 할 방법 아닐까요?

이 방법이 교육적 효과를 만들어내려면 영어 교육 면에서 수행되어야 할 것이 있는데요. 바로 영어 단어를 제대로 공부하는 방법을 먼저 정의해야 한다는 것이에요.

정말 영어 단어를 잘 아는 아이들은 IB 글쓰기나 말하기에서 설령 모르는 단어가 있더라도 앞뒤 문맥을 보고 유추할 수 있거나, 기본적인 단어를 가지고 다양하게 응용할 수 있습니다.

영어 단어 학습에서 가장 중요한 것은 몇 개를 외우느냐가 아니라 몇 개를 쓸 수 있는지를 지향해야 한다는 것이에요. 쓰지 못하는 단어는 온전한 나의 것이 아닙니다. 영어 단어는 사용하는 언어의 재료들입니다. 잘 사용하려고 배우는 것이에요. 한 문장 안의 같은 단어라 하더라도 쓰이는 용도가 다를 수 있습니다.

하지만 아직도 단어 수에만 집착하면서 공부시키는 곳이 꽤 있습니다. (물론 아닌 곳도 있지만요.) 제가 알기론 아직도 많은 한국의 내신형 학원들, 또는 중학교 이후 단계 영어 학원들은 본의 아니게 단어 뜻 적기(옆에 철자가 다 적혀있는 테스트)만 하게 됩니다.

영어 중학 내신에는 사실상 주관식 문제가 나오지 않아서 많은 학생이 단어 뜻을 딱 하나만 알고, 그 뜻에 해당하는 활용법을 모릅니다. 혹은 읽을 줄은 모르는데 단어 스펠링을 보고 한국식 표현으로 뜻을 말하기만 합니다. 이 말은 영단어의 활용법, 즉 이 단어의 뜻을 가지고 어떤 상황, 어떤 문장에서 쓰는지를 모른다는 것입니다.

설상가상으로 단어의 발음기호를 제대로 못 읽는 학생도 많고, '굳이 이것을 읽어야 하나?'라고 생각하는 학생도 많습니다. 본질적으로 필요성을 못 느끼는 거죠. 시험에선 정답만 고르면 되니까요.

영어 단어 공부는 단순히 암기 개수 늘리기 시합이 아닙니다. 단어를 배우는 것은 내가 쓸 '어휘 덩어리'를 많이 갖고자 함이고, 나의 단순한 문장을 좀 더 풍부하게 하는 표현력의 문제입니다.

예를 들어볼까요? water는 물이죠. 네, 맞아요. 그런데 water가 '물을 주다, 군침이 돈다, 눈물이 난다'라고도 쓰이는 단어인 줄 혹시 알고 계셨나요?

'그 할머니가 꽃에 물을 주고 있어'에서 give water라고 쓸 수도 있지만 'The grandmother is watering the flowers'라고도 표현할 수 있어요. 또한 우리가 매일 밥 먹듯 사용하는 good, bad는 얼마나 적절하게 사용하고 있나요?

poor를 예로 들어볼까요? poor는 무엇인가 불쌍하고, 열악하고, 부족하고, 충실하지 못한, 또는 실력이 형편없거나 가난한 등등의 뜻으로 사용할 수 있는 단어입니다. 단순히 poor를 '가난한'으로만 썼다면 정말 되돌아봐야 할 부분이 아닐까요? 영영사전을 보면 poor에는 'poor or low in quality, not pleasant or enjoyable, or not correct or proper(품질이 좋지 않거나 낮고, 즐겁거나 유쾌하지 않으며, 올바르거나 적절하지 않은)'라는 뜻이 있어요. 또한 'morally bad forces or influences(도덕적으로 나쁜 영향)' 등의 뜻도 있습니다.

이렇게 단어의 뜻을 먼저 잘 파악해야 그 단어를 여러 가지로 잘 쓸 수 있습니다. 만약 아이가 아직 영어 읽는 것이 쉽지 않은 수준이라면 그 단어와 비슷한 단어들을 많이 알려주세요. 그리고 비슷한 단어의 뜻을 찾아보고 예문을 확인합니다. 그러면 '어떤 점에서 공통적으로 사용했는지'를 확인할 수 있습니다.

이렇듯 단어를 공부하며 숫자에 집중해선 안 됩니다. 단순히 '나쁜'이 bad, '불쌍한'이 poor라고 딱 잘라서 연결하지 않게 해주세요. 즉 단어는 그 속에 숨겨진 뉘앙스를 아는 것이 더 중요해요.

Her hearing is poor. (그녀의 청각은 안 좋아.)

poor eyesight (시력이 안 좋은)

They are too poor to buy toys. (그들은 장난감을 사기에는 너무 가난해.)

I'm poor at managing. (나는 관리는 정말 꽝이야.)

These are for the poor. (이것들은 가난한 사람들을 위한 거야.)

My friend has poor grades. (내 친구는 성적이 안 좋아.)

a poor taste (가난한 취향이 아니라 옳지 못하고 격이 떨어지는 저급)

아이가 한 단어를 알아도 기본 뜻을 이해하고 적절히 사용하며 예제들을 활용할 수 있게 해주세요. 만약 직접 단어를 활용해서 예문을 만들지 못하면 사전에 있는 예문을 함께 아이와 읽어봅니다. 그리고 그 단어의 사용처, 명사인지 동사인지도 꼭 알려주세요.

사실 요즘 초등학생 이상만 되어도 영어 단어 사전을 찾지 않죠.

구글 번역기 등이 있기 때문입니다. 아이들은 모르는 단어가 나오면 그 단어가 있는 문장을 통으로 검색해서 뜻을 쉽게 알아냅니다. 몇 초도 안 걸려서 모르는 영어 문장이 해석됩니다. 아이들이 답답했던 부분이 바로 해결되었으니 영어사전을 사용할 필요성을 못 느낍니다.

영어사전에는 영단어의 기본 뜻과 예시가 나옵니다. 한 단어 안에는 우리가 아는 뜻 외에도 중요하고 다양한 활용과 뜻이 숨어 있는데요. 예시 활용을 확인하고, 어떻게 영어 단어를 읽는지도 알아야 해요.

하지만 이런 기본적인 것들을 번역기는 알려주지 않죠. 영어 단어와 문장을 입력하는 순간 해석을 해주니 영어 단어에 대한 깊이 있는 공부는 필요성이 없어집니다.

영어 상위권 학생들은 다를까요? 어느 정도 단어 수가 쌓이면 학생들은 '동의어, 반의어'로 확장을 합니다. 'find = look for, discover, locate, uncover' 등으로 누가 누가 '동의어를 많이 아나?' 시합합니다. 하지만 사실 look for와 find는 활용법이 정반대인데요. find는 결과론적으로 '찾다'라는 뜻이고, look for는 '무엇인가를 찾는 과정'이 중요한 단어입니다.

예를 들어 '내 지갑 찾았냐(Did you find my wallet?)?'의 find는 결과적인 '찾다'입니다.

'아니, 난 아직도 그걸 찾고 있는데(No, I'm still looking for it)'의 look for는 과정 중심의 '찾다'입니다.

문장 내 사용 의미, 뉘앙스가 기본적으로 중요합니다. 영어 글쓰기에서 실제적으로 사용할 수 없는 단어는 아무 소용이 없습니다. 이렇게 단어를 종이 위에 적힌 글자가 아닌 진짜 사용하는 어휘로 익히기 위해선 엄마들이 다음과 같은 활동을 해야 합니다.

한 단어로 다양한 수식어를 붙여서 문장 늘리기

✦

이 단어 공부 방법은 우리가 모국어를 배울 때를 생각하면 쉬울 것 같은데요. '엄마'라는 기본적인 단어를 익힌 후에 우리는 '○○ 엄마'를 만들기 시작합니다. 아이에게 '엄마' 앞에 꾸밀 수 있는 말이 어떤 것인지 먼저 물어봐 주세요. 이때는 아이가 친근한 주제부터 접근합니다. '나-가족-집-친구-학교-놀이터-이웃' 등처럼요. 만약 아이가 엄마를 꾸며주는 말을 다양하게 표현하지 못한다면 엄마가 먼저 예시를 보여주세요.

'좋은 엄마, 나의 엄마, 청소 잘하는 엄마, 나쁜 엄마, 친절한 엄마, ○○의 엄마, 내 친구의 엄마, ○○와 ○○의 엄마, 화난 엄마, 아직도 화나 있는 엄마, 요리하는 엄마.'

이렇게 엄마라는 하나의 중심 단어를 계속 활용해 보고 더 이상 생각나지 않는다면 챗GPT에 묻습니다.

엄마를 꾸며줄 수 있는 말을 5개 만들어줘.

○○ 엄마처럼 다양하게 표현되어 있는 5학년용 책의 문장을 찾아줘.

5학년 아이가 사용할 수 있고 꾸밀 수 있는 단어들을 10개 보여주고 예시 문장을 만들어줘.

이런 질문을 통해 다른 단어를 아이와 연습해 봅니다. 예를 들어 '소년'이란 단어를 활용해 볼게요. 처음에는 숫자를 이용하고 눈에 보이는 직접적인 것부터 꾸며봅니다. 예를 들어 키, 얼굴 색, 머리 스타일, 안경, 옷 등입니다.

이를테면 '1명의 소년→2명의 소년→많은 소년들'로 확장합니다. 그다음 '1명의 키가 큰 소년→키가 크고 마른 소년→빨간 가방을 멘 키가 크고 마른 소년, 버스 정류장에서 기다리는 마르고 키가 큰 소년'으로 확장합니다.

그 후에는 '어떤 말을 덧붙이고 싶어? 어디서 그 소년을 보고 싶어? 소년이 뭘 하고 있는 것 같아?'라고 질문하면서 '간접적이고 추가적인 정보'를 아이가 더하도록 합니다. 이제 아이는 다양한 단어를 통해서 사물과 사람을 표현할 수 있습니다.

우리는 이렇게 어휘를 사용할 수 있는 사람을 보고 '어휘력이 풍부하다, 언어를 잘 활용할 줄 안다, 언어 능력과 감각이 좋다'라고 합니다. 네! 이런 연습이 영어 글쓰기 어휘에 가장 필요한 작업입니다. 단순한 어휘 늘리기가 아닌 자신이 쓸 수 있는 단어 활용도를 익히는 것이죠. 그래야 좀 더 어려운 아카데믹 에세이에서 딱 맞는 문장과 어휘를 제대로 사용할 수 있으니까요.

이제 단어에서 문장으로 전환하는 다른 예시를 살펴볼게요. '게을러서 시험에 실패했어'라는 문장을 영어로 만들어볼게요.

내가 게을러서 시험에 실패했어.

(I failed the exam because I was lazy.)

위의 기준 문장을 먼저 보여주고 아이에게 '이 문장을 다르게 표현해 볼 수 있니?'라고 묻습니다. 만약 아이가 '왜냐하면'의 비슷한 말을 안다면 쉽게 because라는 단어 외에 'due to…(~때문에)'를 사용할 수 있을 겁니다. 즉 'Due to(because of) my laziness, I failed the exam'이란 문장으로 변환할 수 있어요. 하지만 아이가 because와 비슷한 말을 모른다면 엄마는 직접 알려주거나 챗GPT에 'because와 비슷한 단어 3개 알려줘'라고 질문합니다.

그리고 좀 더 다양한 활용을 위해서 아이에게 '또 다르게 표현할 수 있니?'라고 물어봅니다. 이 단계에서는 보통 많은 아이들이 멈칫하게 됩니다. 평소에 얼마나 다양한 말을 사용했는지를 알 수 있는 부분입니다. 엄마 역시 늘 쓰던 단어나 표현들을 사용하게 되잖아요. 아이들도 마찬가지입니다.

질문 예

because와 비슷한 단어를 쓰지 말고 앞의 문장과 같은 뜻이 될 수 있게 다양한 문장 형태를 보여줘. 가능한 한 동사나 문장 구조가 다르게.

엄마의 챗GPT 질문을 통해서 다음과 같이 '내 게으름이 시험 실패 결과를 만들었어(My laziness resulted in my failing the exam)'란 표현을 할 수 있습니다. '그의 게으름이 실패로 돌아갔어(His laziness led to failure)'라는 형태로도 응용할 수 있어요.

이때 엄마는 아이와 문장을 읽어보면서 각 문장의 느낌을 살펴봅니다. 어떤 문장이 더 직접적인 정보를 주는지, 좀 더 정중한 느낌인지, 좀 더 편한 표현인지를 아이와 이야기해 보세요.

그리고 아이의 언어 활용도를 위해서 '비슷한 문장 연습을 할 수 있는 활용 문제'를 챗GPT에 모범 답안과 함께 요구합니다. 이 부분은 단기간에 완성되지는 않습니다. 하지만 꾸준히 반복 훈련하면

'언어를 잘 갖고 노는, 잘 활용하는 아이'가 될 수 있답니다. 즉 자유자재로 글에서 사용할 수 있는 단어와 문장의 활용도가 높아지는 것입니다.

언어에 대한 구조적 접근

✦

단순히 숫자 중심으로 단어를 외우는 것이 아니라 언어의 뼈대라고 할 수 있는 어근과 어미를 활용하는 방법입니다. 이렇게 접근하면 설령 모르는 단어가 나오더라도 구조적 학습에 기초하여 유추할 수 있는 가능성이 높아집니다. 예를 들어 '행동하다(behave)', '버릇없이 행동하다, 못된 짓을 하다(misbehave)'라는 두 단어를 '외워야 하는' 단어로 보면 각각 따로 외워야 하죠. 즉 단어 2개를 외워야 합니다.

하지만 어근+접두사 구조를 이해한다면 모르는 단어도 유추해서 이해할 수 있는 힘이 생깁니다. 이때 엄마는 아이에게 '잘못 행동하다'가 bad act가 아니라는 것을 말하고, 'behave는 '행동하다', mis는 '잘못된'이라는 뜻이야. 그럼 무슨 뜻이 될까?' 등의 질문을 해줄 필요가 있습니다.

또한 엄마는 이런 구조적 접근을 위해서 챗GPT에 다음과 같이 질문합니다.

단어 구조 분석을 위해서: 이 단어의 어근과 접두사를 분리해서 뜻을 설명해 줘.

비슷한 구조 단어 찾기: 이 단어와 같은 접두사를 가진 단어 5개를 알려줘.

예문으로 직접 확인: 이 단어를 초등학생 수준 문장 3개로 만들어줘.

의미 유추 확인: 아이가 'unhappy'의 의미를 유추하도록 돕는 힌트 질문을 만들어줘.

퀴즈로 복습: 보기와 정답을 포함해서 접두사 'mis-'를 사용한 단어 퀴즈를 만들어줘.

이 단어들을 접두사, 어근, 접미사로 나누도록 도와줘. 의미도 함께

알려줘.

단어 사전 만들기: 접두사와 접미사를 이용해서 〇〇만의 작은 단어 사전을 만들고 싶어. 새로운 단어 10개를 뜻과 함께 정리해 주고, 접두사나 접미사별로 묶어줘.

응용하기: 이 새로운 단어들을 문장에서 어떻게 쓰는지 알려줘. 다음 단어들 각각에 대해 문장 하나씩을 만들어줘. 예: reusable, unfriendly, writer, invisible, careless.

이렇게 단어에 관해 챗GPT를 사용할 때 필요한 것은 영어 단어를 실제로 정확하게 읽어보는 것, 소리에 노출되는 것입니다. 만약 엄마도 단어 읽는 것이 부담된다면 아이와 함께 사전 기능을 이용해서 소리를 들어보고 천천히 읽어보고 따라 해볼 필요가 있습니다.

어원 구조 파악에 도움이 되는 구분

접두사 의미	접두사	예시 단어	영어 의미	한국어 뜻
아닌(not)	un-	unhappy	not happy	행복하지 않은, 슬픈
		unfair	not fair	불공평한
		unlock	open a lock	자물쇠를 열다
다시 (again)	re-	rewrite	write again	다시 쓰다
		redo	do again	다시 하다
		return	go back	되돌아가다
잘못된 (wrong)	mis-	misunderst-and	understand wrongly	오해하다
		misbehave	act badly	못된 짓을 하다, 버릇 없이 굴다
		misplace	put in the wrong place	제자리에 두지 않다.
이전에 (before)	pre-	preview	see before	미리 보다, 시사회
		preheat	heat before	예열하다

스스로 (self)	auto-	autograph	self-written name	자필, 서명
		automatic	self-moving	자동의

새로운 이디엄에 노출되기

✦

영어 글쓰기에서 아이들이 자주 멈추는 이유는 뜻을 모르는 단어 때문이에요. 이때 부모님 대부분은 '사전 찾아봐!'란 말로 끝내지만, 진짜 중요한 건 단어의 뜻을 '문맥 속에서 추론하는 힘'이에요. 아이들이 글을 읽거나 쓸 때 모르는 단어가 나와도 겁내지 않고 '아, 이건 이런 뜻이 아닐까?' 하고 유추해 보는 사고력이 자라야 합니다. 그 힘이 바로 다양한 글을 창의적이고 비판적인 사고로 쓸 수 있게 해줄 것입니다. 모르는 단어가 지문에 나오면 엄마는 아이들에게 다음과 같은 질문을 해주세요.

'이 말 바로 앞이나 뒤에 어떤 힌트가 있었을까?'

'이 사람이 어떤 기분이었는지 생각해 보면, 이 표현은 무슨 뜻일까?'

'이 말이 문자 그대로일까, 아니면 숨은 뜻이 있을까?'

'만약 네가 이 말을 처음 들었다면 어떤 상황이라고 생각하겠어?'

특히 관용어구인 '이디엄'은 단순한 단어 뜻보다는 상황이나 배경을 미리 알고 있어야 더 빠르게 유추할 수 있어요.

예를 들어 '개와 고양이가 내리고 있다(It's raining cats and dogs)'라는

문장은 '비가 굉장히 많이 온다'라는 의미의 관용어구입니다. 이 관용어구의 배경 중 하나로, 과거 영국의 배수 시설이 안 좋아서 폭우가 쏟아지면 개와 고양이 사체들이 떠내려오는 것을 묘사한 데서 나왔다는 의견이 있습니다.

이런 관용어구가 있다면 엄마는 아이에게 '왜 고양이와 개일까? 우리말로 '비가 쏟아진다'는 다른 표현엔 뭐가 있을까?' 등을 질문할 수 있습니다. 엄마는 관용어구의 풍부한 의미를 글로 쓸 수 있도록 챗GPT에 다음과 같이 질문합니다.

질문 예

관용어의 의미 파악: 이 관용어구가 생긴 배경과 뜻을 자세하게 설명해 줘.

예문 만들기: ○○○를 의미하는 쉬운 이디엄 3개, 초등학생 수준의 예문을 만들어줘. 거기에 직역하면 안 되는 영어 표현 3개와 뜻과 유래를 알려줘.

'piece of cake'가 자연스럽게 들어간 어린이용 짧은 이야기를 만들어줘.

영어의 'break a leg'와 비슷한 의미의 한국어 표현이 있을까? 비교해서 알려줘.

글 속의 활용: 3가지 이디엄을 한 짧은 에세이 안에서 자연스럽게 사용할 수 있도록 써줘.

영어 단어
제대로 외우는 법

단어는 절대 마구잡이로 외우는 것이 아닙니다. 가능한 한 주제별로 구조적 어근, 어미를 활용하는 것이 좋고, 그렇지 않다면 기본적으로 다음 순서대로 외우도록 해주세요.

첫 번째로 가장 활용도 높고 무조건 알고 있어야 할 기본 구동사를 정리합니다. 이 단어들은 거의 모든 문장에 쓰일 수 있는 '핵심 엔진 단어'예요. '아이들에게 꼭 필요한 기본 동사 10개를 예문과 함께 만들어줘'라고 챗GPT에 물어보면서 연습할 수 있게 해줍니다.

두 번째로는 전치사의 다양한 활용과 뉘앙스를 알아야 해요. 전치사는 단어와 단어를 연결 짓습니다. 무엇보다도 전치사는 아이에게 그림을 통해서 알려주는 것이 가장 효과적입니다. 하지만 예컨대 '위'를 뜻하는 단어가 'on'이라 해도 문장 내에서 쓰이는 의미가 다르기 때문에 챗GPT를 자주 활용하는 것이 좋습니다.

'on'이 문장 속에서 어떻게 다르게 쓰이는지 예시 3개로 보여줘.

세 번째로는 기본 구동사와 전치사의 활용을 알아봅니다. 구동사와 전치사는 조합에 따라 완전히 다른 뜻이 만들어지는 단어들입니다. 예를 들어 'take+off=이륙하다', 'turn+on=켜다'처럼요. 구동사를 통해서 사용 범위가 넓은 어휘군이 만들어집니다. 챗GPT에는 '아이들이 쓸 수 있는 쉬운 구동사 5개를 그림과 문장과 함께 만들어줘'라는 등의 질문을 할 수 있습니다.

네 번째는 기본 부사와 형용사를 정리합니다. 물론 뜻과 뉘앙스, 활용법은 반드시 확인합니다. 부사와 형용사는 문장을 좀 더 풍부하게 하는 역할을 하기 때문에 다양한 예문을 확인해 보는 것이 중요해요.

다섯 번째로는 기본 명사를 공부하는데요. 단어는 몇 개를 외웠느냐가 아니라 '얼마나 단어를 잘 쓸 수 있는지'에 초점을 맞춰야 한다는 것! 꼭 기억해 주세요. 영어 단어는 수도 많고 뜻도 한 단어에 여러 가지가 있기 때문에 주제별 단어 사전을 만들 필요가 있습니다.

챗GPT에는 '초등학생을 위한 학교 관련 명사 10개를 그림 단어 목록으로 만들어줘' 혹은 '자연을 주제로 한 단어 맵을 예문과 동의어를 포함해서 만들어줘'라고 물어봅니다.

이런 과정을 거친 후에 추가로 단어의 다양한 격을 알아봅니다. 같은 말이어도 공식적인 말이 있고, 일상이나 편안한 상황에서 하는 말이 있잖아요. 영어 글쓰기는 구조와 형식을 갖춰야 하기 때문에 비공식적 단어보다는 공식적 단어들을 써야 해요. 글쓰기에서는 이 구분이 매우 중요하죠. 예를 들어서 '묻다'를 표현할 때 ask가 일상적으로 쓰이지만 글에서는 inquire를, '돕다'를 표현할 때 help란 일상적 단어보다는 assist를 쓰는 구분이 필요합니다.

이런 어휘 활동을 위해서 엄마는 챗GPT에 다음과 같이 질문합니다.

질문 예

같은 뜻이지만 공식적/비공식적으로 다른 단어 5쌍을 알려줘.

'ask-inquire, buy-purchase'처럼 초등학생이 이해할 수 있는 공식적/비공식적 영어 단어 10쌍과 예문을 보여줘.

'ask'와 'inquire'는 언제 쓰면 되는지 10세 아이에게 쉽게 설명해 줘.

학교생활을 주제로 한 같은 글을 공식 영어 단어와 비공식 영어 단어를 사용해서 각각 써줘.

이 글을 편한 친구한테 쓰는 용도로 써보고, 선생님에게 쓰는 용도로도 만들어줘. 각각의 쓰인 영어 단어가 어떻게 다른지 차이점을 찾고 활용한 예시 문장을 만들어줘.

Chapter • 5

엄마표 영어로 수행평가, 글쓰기 대회 준비

01

영어 수행평가와 글쓰기 대회
단골 주제 및 준비하기

우리 엄마들은 참 욕심이 많습니다. 아이 교육에 관한 한 귀도 얇고요. 불안감이 크게 작용하기 때문이겠죠? '혹시 내 아이가 도태되면, 내 아이만 그러면 어쩌나' 하는 불안감 말입니다. 올바르고 확고한 엄마의 방향성을 갖고 가야 하는데 쉽지 않습니다. 특히 급변하는 영어 교육 시장에서는요. 영어는 아주 오래전부터 우리 삶에서 중요한 일이 되었어요.

그런데 저는 요즘 깜짝 놀라곤 합니다. 대학생에게 강의하거나 외부 강의를 할 때 보면 영어를 정말 잘하는 사람이 무척 많아요. 심지어 글로벌한 세계에서 제2외국어로 영어 외에 다른 언어 2, 3개를 유창하게 하는 사람들이 많아졌어요.

뿐만 아니라 인스타그램을 보면 '영어 챌린지, ○○ 챌린지' 등 영어를 배울 수 있는 공간과 수단이 넘쳐납니다. 이제는 자료가 부족해서 영어를 못한다, 돈이 없어서 영어를 못한다는 말은 핑계밖에 안 됨을 보여주는 세상이 되었어요. AI를 이용하면 혼자 영어로 질문한 뒤 대답을 들을 수도 있고, 내가 쓴 문장이 어법적으로 맞는지 아닌지 바로 확인할 수도 있어요.

하지만 저는 이런 '영어 춘추전국시대'가 살짝 걱정되더라고요. 중학생인 아이가 수행평가를 위해서 '문제가 생겼던 일에 대해서 관계대명사 what을 이용해 풀어내고, 관계부사를 이용해서 왜 그랬는지 자세히 설명한 다음, 어떻게 해결되었는지'를 영어로 쓰는 상황을 예를 들어볼게요. 아이들은 이제 챗GPT에 접속해서 그대로 지시문을 입력합니다. 그럼 챗GPT는 그 지문에 맞춰서 글을 만들어줘요. 이제 아이들은 그래멀리(Grammarly), 엔그램(Engram) 등을 통해서 영어 문법이나 어휘를 검사해요. 그것도 아니면 한글 문장을 쓰고 구글 번역기를 돌려서 영어 문장을 만듭니다. 와! 이런 편리한 세상이 정말 현실로 만들어졌네요. 너무 쉽게 영어 글쓰기 수행평가가 완성되었습니다.

그런데 이 글이 진짜 아이들의 글이 될 수 있을까요? '문해력이 점점 낮아진다, 수능 지문이 문제가 아니라 문제의 의도를 정확하게 이해하지 못한다, 출제자가 무슨 말을 하는지 파악하지 못한다'라고 우려하는 현상은 앞으로 더 심각한 문제가 될 것입니다. 영어를 할 수 있는 환경에 자연스럽게 노출되고 있지만 그 덕에 영어를 정말 잘하는 사람과 못하는 사람의 격차는 더 커진다는 위기! 그것이 바로 우리가 직면한 진짜 현실이에요.

내 생각이 아닌 '글자를 그저 옮기는 수준'으로 영어를 하거나 내가 말하고자 하는 의견이 아닌 남의 의견을 앵무새처럼 따라 하는 것, 아이들이 겪게 될 외국어 학습의 현실입니다.

영어 글쓰기는 쓴 사람의 비판적·창의적 사고가 없으면 결코 성공할 수 없으며 좋은 글이 될 수 없다는 사실을 꼭 기억하세요. 창의적인 주제들, 수행평가에서 나올 수 있는 주제들은 항상 '내가 ~을 했다'라는 전제하에 질문, 의견, 묘사, 설명, 문제점 해결 등의 조건들을 갖추고 있습니다. 그렇기 때문에 챗GPT를 통해서 먼저 다양하게 질문하며 생각하는 훈련을 해보길 추천합니다. 꼭 그 질문에 대해서 긴 글이 아니어도 자신의 답변과 이유를 정리해 보는 것만으로도 아이들의 사고력은 성장할 수 있으니까요.

질문 예

이번 영어 수행평가 주제가 '환경보호'래. 중학생 수준으로 이 주제를 쉽게 설명해 줘.

- -

'(주제)'라는 수행평가 주제에 맞는 글쓰기 형태(설명문, 의견문, 이야기문, 설득문) 중 어떤 게 가장 적합할까?

- -

초등 6학년 수준에서 쓸 수 있는 '찬반 논란의 (주제)' 아이디어를 5개 제시해 줘.

초등 6학년 수준에서 글의 주제를 실제 삶이나 미래와 연결할 수 있게 하는 설득형 질문 3개를 만들어줘.

수행평가를 준비할 수 있게 ○○가 자신의 의견을 예시, 사실, 이유로 뒷받침하도록 돕는 질문 5개를 만들어줘.

'(주제)'에 대한 비교 질문 3개와 대조 질문 3개를 만들어줘.

분석력 전략, 그리고 스토리텔링의 힘

✦

영어 스피치 대회에 도전한다는 것은 단순히 외국어 실력을 평가받는 일이 아닙니다. 평가에서는 자신만의 스토리, 그 스토리를 말하는 방법, 그리고 그 안에 담긴 생각의 깊이가 더 큰 역할을 하죠.

중요한 것은 어떤 대회에 도전할 것인지, 어떤 전략으로 준비할 것인지를 엄마들이 먼저 정확하게 알아야 한다는 거예요. 기존의 대회, 현재 진행 중인 대회, 그리고 수상작들을 분석하고 그 작품을 제대로 평가해 달라고 챗GPT에 요청합니다. 단순히 영어를 잘한다고 수상할 수 있는 것은 아닙니다.

즉 새로운 시선, 깊이 있는 사고, 자신만의 질문을 던지는 프레임을 바탕으로 분석해야 합니다. 먼저 아이의 실력과 성향을 분석해서 수상할 수 있는 대회를 정해봅니다.

예를 들어서 '말은 잘하는데 논리력이 부족하다', '영어로 말하는 것만큼 글 쓰는 실력이 따라오질 못한다' 등의 구조적 취약점을 찾아서 그것을 극복할 단기적·장기적 플랜을 짜고 챗GPT와 한 팀으로 준비합니다.

질문 예

초·중학생[아이 연령, 수준 직접 입력] 대상 주요 영어 스피치 대회 5개를 주제와 심사 기준과 함께 정리해 줘.

- -

최근 영어 스피치 대회 수상작 예시를 보여주고, 어떤 점이 우수했는지 분석해 줘.

- -

YBM 스피치 대회와 전국 영어 말하기 대회를 비교해서 어떤 대회가 ○○에게 적합한지, 왜 그런지 알려주고 우리 아이 글의 장점을 어떻게 활용할지 알려줘.

우수한 스피치 글과 우리 아이 글을 비교해 본다면 어떤 방향으로 수정하고 개선해야 할까? 실제 문장을 통해서 수정본을 만들어줘.

우리 아이가 '논리형'이 좀 더 강하다고 했는데, 어떤 주제들로 접근해야 할까?

감성형 아이인데, 창의적 스토리 대회는 어떤 것이 있을까?

영어 스피치 주제 5개를 제안해 줘. 각 주제마다 짧은 개인 스토리 아이디어도 함께 써줘.

○○의 주제를 분석하고, 개인적인 이야기와 창의적인 도입부를 어떻게 추가할 수 있는지 실제 예문으로 보여줘.

아이가 글의 초안을 이렇게 썼어. 서론이 조금 약한 것 같은데, 어떻게 보완해야 할지 수정본을 만들어줘.

작성한 글을 바탕으로 부족한 부분과 수정 부분을 보여줘.

○○의 개인 경험을 세계적 이슈와 연결하는 방법을 알려줘.

○○의 영어 스피치 원고를 분석해서 논리, 구조, 감정 전달 측면에서 평가하고 개선할 3가지 방법을 알려줘.

아이가 말은 잘하지만 논리력이 약한 편이야. 논리적 사고를 키울 수 있는 하루 활동 5가지를 제안해 줘. 특히 짧은 글쓰기 위주로.

집에서 영어 스피치를 연습하기 위한 10분 루틴(스스로 할 수 있는, 엄마와 함께 할 수 있는)을 만들어줘.

아이가 동물에 관심이 많아. 스피치 대회에서 눈에 띌 수 있는 주제를 만들어줘.

모르면 손해 보는 국내외 영어 스피치 및 글쓰기 대회

✦

① 국제청소년연합 IYF

국내외 중·고·대학생들이 참여할 수 있는 가장 공신력 있고 큰 대회 중 하나이며, 코로나19 팬데믹 때에도 온라인에서 계속 열렸습니다. 보통 원고 접수 후 예선, 지역별 본선으로 진행됩니다. 'my dream, human being, global issue' 등에 관한 견해를 좀 더 다양한 시각으로 펼칠 수 있는 리서치·스피치 기술이 있어야 본선에 진출할 수 있어요. 수상자에게는 큰 규모의 장학금 특전이 주어집니다.

국내외 학생들에게 큰 제한이나 제약이 없는 대회이기 때문에 토종 국내파 학생들에게는 불리할 수 있어요. 고등학생, 대학생일수록 유학파의 비중이 압도적으로 많아서 지역 본선이 굉장히 중요합니다.

예선 통과를 위한 평가 기준은 '창의적 표현+논리력+어법+체계성, 설득력'에 대한 전형적인 글쓰기의 요소입니다. 특히 첫 문장과 제목이 중요해요. 제목을 '자신의 스토리+궁금증 유발'로 만들어야 합니다.

예를 들어서 항공과 학생이지만 영어가 아직 익숙지 않은 대학생

Is AI good for students?

Date:

I think AI is not necessary for students. There are three bad things that can happen when students use AI.

The first reason that can happen is that students can copy answers from AI. For example, if students have tests, or homeworks, they will just use AI to answer the question secretly. Also, they will never learn anything if they use AI to do the school work. Furthermore, if there is test happening today and you need to handwrite on the paper, than that students who used AI will get zero on that test.

The second reason that can happen is that students will just ask anything without thinking with their brains. If students need help or they need somebody to chat with, they will just going to start typing anything with their heads blank or empty which means they do not think before doing actions.

The third reason that can happen is that students will always look for AI for help. If students use AI too many times, then they will trust AI even if they gave them wrong answers or will going to rely on the AI forever.

In conclusion three disabantages can happen if students keep using AI. They can copy answers from AI, students will ask withought thinking with their brains, and students will always look for AI for help.

AI에 관한 주제는 요즘 가장 핫한 글쓰기 주제 중 하나입니다.

은 '내 꿈은 영어로 세상 사람들의 소통창이 되는 것'으로 첫 문장을 시작합니다. 첫 부분에서 '항공기 내 안내문'을 읽으면서 자신이 꿈꾸는 미래 시점을 말합니다. 에세이 대회이다 보니 결론에서 자신의 주장과 명제를 확실하게 전달해야 해요. 또한 심사 위원으로 하여금 이 학생이 누구인지, 어떤 꿈을 갖고 있는지에 대한 흥미를 유발할 필요도 있습니다. 즉 자신의 사건, 사례를 시간적, 공간적으로 잘 묘사하고, 분석과 함께 자신의 생각과 주장을 타인에게 관철시킬 수 있도록 정확히 드러내야 합니다.

서술하기	다양한 시제를 사용하며 가능한 한 자세히 서술+대화, 자신의 생각을 직접 인용하기, 그림을 그리듯 자세한 느낌으로 설명 (다양한 어휘, 형용사, 부사 사용)
설득하기	에세이 대회에서는 광범위한 키워드를 몇 개 주고 주제를 직접 선택하라고 하는 경우가 많습니다. 때문에 단순히 '어떤 것을 무조건 주장'하는 글보다는 현재의 문제점을 잘 분석하고 (원인, 결과) 자료 조사와 학술적 인용, 전문적 디테일을 살려서 '쓰는 이의 주장'을 잘 뒷받침할 수 있는 글을 만들어야 합니다.

② 세계예능교류협회

대한민국 어린이 영어 말하기 대회로, 개최 규모가 크고 후원 규모도 큽니다. 대상자 및 결승 왕중왕 수상자들은 거액의 장학금뿐 아니라 부모님과 함께 미국 여행 및 견학, 방송 출연과 함께 영어 스피치 미국 방송에 출연하는 기회도 얻게 됩니다.

글을 체계적, 논리적으로 표현할 수 있는 글로벌 인재를 양성하기 위해 다양한 프로그램을 진행하고 있는 협회의 성격상 왕중왕전에 들지 못하고 본선에서 수상만 해도 꽤 많은 장학금을 받을 수 있어요.

주제는 시사적인 것보다는 한류, 친구, 가족, 꿈 등 비교적 평이한 편이며, 첫 관문으로 원고를 통해서 예선 통과자를 고릅니다. 본선부터는 원고를 바탕으로 지원자의 발음, 표정, 억양, 제스처 등을 모두 평가합니다.

③ The Korea Times

코리아 타임스 대회는 대학생 이상의 학력이 있어야 지원할 수 있기 때문에 주제나 글자 수 등의 수준이 높습니다. 학생들 대상의 주니어 타임스에서도 영어 에세이 대회를 개최합니다.

매년 국제적으로 가장 논란이 되는 시사적 내용들이 에세이 주제로 나오기 때문에 시사 문제에 자주 노출되어야 합니다. 국제적 변화, 통계 자료 활용이 중요하며, 자신의 의견을 표현하는 글, 설득형 글을 주로 써야 합니다.

④ International Public Speaking Competition | ESU

1980년대부터 시작되어 역사가 깊으며, 국적이 다양한 학생들의 논리적이고 체계적인 영어 에세이, 스피킹 실력을 확인할 수 있는 대회입니다. 각 참가자들은 국가대표 자격이기 때문에 우수한 실력이 필요합니다. 무엇보다도 창의적이며 비판적인 문제 접근력이 중요합니다.

⑤ 해커스 영어 에세이, 스피치 대회

국내 어학 출판사에서 개최하는 대회로, 다양한 주제와 요소를 평가합니다. 불규칙하게 대회가 열리지만 본선에 나가는 것 자체에 의미가 있습니다.

이 외에도 국제 언어 대학원, 대학교, 영국대사관, 부산시 등 지방자치단체 및 영어 교육 회사, 출판사 등이 크고 작은 영어 대회를 개최합니다. 대회 수상 여부보다는 예선과 본선에 참여할 수 있다는 의미가 무엇보다도 큽니다. 예선을 통과하면 실제 자신의 원고로 스피치하는데 이때 정말 언어로서의 영어로 자신을 표현해야 합니다.

02

바로 사용할 수 있는
영어 글쓰기 만능 구조

이 부분까지 책을 읽었다면 제가 계속 강조한 몇 가지 요소에 익숙해지셨을 겁니다. '창의적인 브레인스토밍과 주제에 대한 비판적 분석이 있는지, 글의 주제와 목적이 분명한지, 글을 읽는 독자가 누구인지, 명확한 제목과 중심 문장들을 가지고 있고 이를 한 문장으로 요약할 수 있는지, 큰 범위에서 작은 범위로 좁혀서 피드백이 되는지, 어법과 어휘보다는 내용과 구성이 먼저 갖춰졌는지, 의견-예시-설명의 3단 구성이 이뤄졌는지' 등등요. 결국 글의 종류는 바뀌지만 이 항목들은 모든 글에서 핵심이 되어야 합니다.

엄마표 글쓰기 지도에서 가장 기본적인 부분은 다음과 같습니다. 주제 선정 → 글의 방향, 목적, 종류 설정 → 질문하기 및 글감 찾는 브레인스토밍 → 초안 완성하기 → 제목 만들기(제목은 3단 구성한 후 재수정 가능) → 3단 구성 정하기 → 꼭 필요한 어법과 어휘 미리 확인하기 → 서론에 들어갈 첫 문장(후킹)과 주제문 완성 → 본론에 들어갈 중심 문장과 뒷받침 문장에 대한 예시와 설명 → 본론 확장하기 → 배우고 변화한 생각 혹은 행동을 촉구하는 결론 완성 → 피드백(큰 범위에서 세부 사항으로) → 어법의 정확성과 어휘의 적절성 확인하기 → 피드백을 바탕으로 다시 써보기.

위의 구조를 바탕으로 '의견 제시 글쓰기'를 해볼게요. 엄마는 먼저 제시된 주제에 대해서 아이에게 열린 질문을 합니다. 예시 주제는 'Why kids should have more recess'입니다.

'너는 쉬는 시간이 더 많았으면 좋겠어? 왜 그렇게 생각해?'

'쉬는 시간이 더 많으면 뭐가 좋아질까?'

'쉬는 시간이 짧아서 불편했던 적이 있었어?'

아이가 대답하며 사용한 단어를 그대로 적고 핵심 단어를 찾습니다. 이때 엄마는 챗GPT에 다음과 같이 질문합니다.

질문 예

10세 아동이 '쉬는 시간이 왜 더 필요할까'에 대해 쓸 때 사용할 수 있는 쉬운 아이디어 목록을 만들어줘.

챗GPT에게 질문해서 '친구들과 이야기할 수 있어. 공부에 더 집중하게 해줘. 쉬는 시간은 더 건강하게 해줘' 등의 답변이 나오면 다음에는 아이가 원하는 답변을 고를 수 있도록 해주세요.

'이 중에서 너한테 가장 잘 맞는 이유는 뭐야? 왜 그런데?'

그리고 이 글은 의견 말하기와 관련한 오레오 구조로 구성됨을 다시 상기시켜 줍니다. 즉 엄마는 이 단계에서 글의 종류를 꼭 확인시켜 주세요.

또한 묘사글, 설명글, 의견문, 서술형, 주장글 등에 맞는 3단 구성을 갖추게 합니다. 예를 들어 의견문에서는 의견을 말하고 이유와 예시를 제시하면서 한 번 더 의견을 말한다는 것을 아이에게 알려주며 직접 한 문장으로 쓰게 해주세요. 그 답변을 바탕으로 엄마는 서론-본론-결론에 관해 챗GPT에 다시 묻습니다.

질문 예

'(주제)'에 대해 '무엇이며 왜' 그런지 말하는 서론 문장을 만들어줘.

- -

'(주제)'에 대한 강렬한 첫 문장을 만들어줘.

- -

10세 아이가 '쉬는 시간이 더 필요하다'라는 주제로 글을 쓸 수 있도록 브레인스토밍 질문 5개를 만들어줘.

우리 아이가 '그냥 놀고 싶어서 쉬는 시간이 더 많았으면 좋겠어'라고 말했어. 이걸 10세 수준의 의견문(영어) 단락으로 바꿔줘.

'(주제)'에 대한 간단한 이유 3가지를 알려줘.

아이의 문장을 뒷받침하는 예시나 사실 하나를 추가해 줘.

이 주제에 대한 2가지 관점을 쉬운 문장으로 비교해 줘.

'(주제)'의 원인과 결과를 3문장으로 설명해 줘.

연결어를 넣어서 이 생각을 문단으로 만들어줘.

아이가 짧은 이유나 단순한 문장만 말한다면 챗GPT에 '감정 단어 혹은 동작 단어를 하나 추가해 줘'라고 자세히 지시합니다.

'(주제)'를 새로운 말로 반복하는 결론문을 만들어줘.

글쓴이가 배운 점(미래 행동, 바람)을 보여주는 문장 하나를 추가해 줘.

같은 주제의 결론 문장을 3가지 버전으로 만들어줘.

10세 아이에게 결론을 효과적으로 설득할 수 있게 만들어줘(친근하게, 오래 기억에 남게).

엄마표 지도 팁! 만약 아이가 '결론을 모르겠어'라고 하면 다음과 같이 질문해 주세요. '이 글에서 네가 배운 건 뭐야?' 혹은 '다음에 이런 일이 생기면 어떻게 하고 싶어?' 등으로요. 그 후 챗GPT에 아이의 답을 입력하고, '아이의 대답을 단순하지만 생각이 정리된 결론 문장으로 바꿔줘'라고 요청합니다.

이렇게 글의 3단 구성을 바탕으로 엄마만의 질문과 챗GPT를 활용하면 아이의 생각을 영어 문장으로 정리해 주는 똑똑한 스마트 선생님과의 글쓰기 수업이 됩니다. 영어를 잘하지 못해도, 어느 정도 하고는 있지만 영어 글쓰기를 아이에게 어떻게 가르쳐야 할지 몰라도 이 방법을 자유롭게 응용할 수 있죠.

03

영어 글쓰기 첨삭 시 주의 사항

글에 대한 피드백은 종류나 목적, 톤에 따라서 달라야 해요. 어떤 경우에는 '좀 더 아카데믹하게, 좀 더 학년에 맞는 어휘로, 좀 더 논리적으로, 좀 더 유머러스하게, 좀 더 개인적인 에피소드 후킹을 넣어서' 등의 조건을 챗GPT에 자세히 입력할수록 피드백이 좀 더 정확하고 상세해집니다.

'간결하게 쓰기, 좀 더 길게 늘여 쓰기, 첫 문장에 강한 메시지 전달하기' 등의 구체적인 프롬프트가 많을수록 단순히 어휘와 어법을 수정하는 것이 아니라 전체적으로 글을 첨삭하며 변화시킬 수 있겠죠?

이제는 AI가 창작에 없어서는 안 될 보조 도구가 되었습니다. 하지만 무조건 '이 글에 관해 피드백해 줘'라고 하면 챗GPT도 이렇게 반문해요. '어떤 레벨, 어떤 환경에서 영어를 배우고 있는지, 수준이 어떤지, 글 쓰는 목적이 무엇인지 알려주면 좀 더 좋은 피드백을 할 수 있어요'라고 답하지요. 놀랍지 않나요?

내 아이의 배경 정보들을 더 잘 입력해야 챗GPT도 내 아이의 글을 제대로 분석하고 피드백할 수 있답니다.

엄마만 할 수 있는 영어 글쓰기 피드백 방법(내용)

✦

아이의 영어 글쓰기에 관해 엄마가 피드백할 때 염두에 둘 부분은 다음과 같습니다.

첫째, 이 글의 종류에 맞는가?

둘째, 이 글의 목적이 잘 드러나는가?

셋째, 제목에 주제문과 아이의 중심 생각이 담겨있는가?

넷째, 브레인스토밍은 충분히 이뤄졌는가?

다섯째, 사전 글쓰기 작업인 질문들을 잘 반영하는가?

여섯째, 주제에 대한 배경지식이 충분한가? 그렇지 않다면 어떤 글을 먼저 읽거나 찾아보고 쓴 것인가?

일곱째, 영어 글쓰기 전에 아이와 대화할 때 어려워하는 부분은 특히 무엇인가?

여덟째, 글의 중심 문장과 뒷받침이 잘 연결되었는가?

아홉째, 실제 본문 이야기에 정보와 의견이 담겨있는가? 감정 어휘가 있는가?

열째, 피드백은 자세한 것부터 시작하는 것이 아닌 큰 범위에서 세부 범위로 진행되는가?

여기서 모든 피드백을 통틀어서 공통적으로 해야 할 작업이 있습니다. 아이 스스로 자기 글을 읽어보게 하는 것입니다. 저는 타이핑으로 컴퓨터에 저장한 글이라면 번거롭더라도 가능한 한 출력해서 보라고 해요. 직접 출력해서 소리 내서 읽어보는 것과 화면으로 보는 것은 다릅니다. 눈으로 쓱 지나치듯이 읽지 말고 반드시 직접 소리 내 읽어보는 작업을 이제부터 꼭 해주세요. 글에 대한 피드백은 종류에 따라 방향이 다르다는 것도 꼭 명심해 주세요.

피드백 이후 살펴볼 기술적 디테일

✦

① 문장 구조

주어+동사가 빠짐없이 있는가?

문장이 너무 길지 않은가? (한 문장에 1~2개의 아이디어)

명확한 주제문이 있는가?

② 문법 및 시제

시제를 일관성 있게 사용했는가?

예: Yesterday I go (X) → Yesterday I went.

동사의 3인칭 단수 -s가 잘 붙었는가?

예: He like (X) → He likes.

③ 철자 및 단어

철자가 올바른가? 예: becuase → because

비슷한 단어를 혼동하지 않았는가?

예: their/there/they're

④ 문장부호

문장 끝에 적절한 부호가 있는가?

쉼표, 따옴표 등의 위치가 정확한가?

⑤ 대문자 사용

문장은 대문자로 시작했는가?

고유명사에 대문자를 썼는가?

예: Tom, Korea, Monday

⑥ 연결어 사용이나 적절한 어휘

글이 자연스럽게 이어지도록 연결어를 썼는가?

예: First, Then, After that, Finally, Because, So 등

영어 표현력을 높이는
엄마표 질문들

+ +

글쓰기는 문장을 나열하는 것이 아니라 단어를 경험하는 것으로부터 시작됩니다. 아이가 영어로 생각을 표현하기 시작하는 순간부터 글쓰기는 시작됩니다.

① 단어+단어 연습하기 → 한 문장 연결하기

아이들이 단어는 알지만 문장을 못 쓰는 이유는 '단어끼리 연결하는 법'을 배우지 않았기 때문이에요. 단어 조합은 문장의 씨앗이에요. 예를 들어 '행복한+날(happy+day)', '큰+개(big+dog)'처럼 단어끼리 짝짓기를 해보세요. 이 단어 조합만으로도 간단한 문장이 탄생합니다.

아이에게 '행복한'에 대해서 이렇게 물어봐 주세요. 이 단어랑 어울리는 단어는 또 뭐가 있을까? 이런 식의 반복된 질문은 단어를 직접 활용하고 조합하며 기억하는 과정으로 이어집니다.

엄마는 챗GPT에 이렇게 질문합니다.

11세 아이가 'happy+day'처럼 두 단어를 이용해 쓸 수 있는 간단한 문장 5개를 만들어줘.

② 다양한 문장으로 날짜 표현

매일 쓰는 '오늘은 월요일이야(Today is Monday)' 등은 이제 그만 쓰는 것이 좋습니다. 아이와 함께 날짜에 감정, 날씨, 행동을 얹어보세요. 그날의 기분이 문장으로 살아납니다. 예를 들어 '짜장면 먹기 좋은 날', '방 청소하기 좋은 날', '아무것도 하기 싫은 날'처럼요.

이를 위해서 엄마는 매일 아이에게 이런 빈칸 문장을 물어봅니다. '오늘은 ○○○이야, 그러나 나는 ○○○을 하고 싶어(하기 싫어)(Today is ___, but I ___)' 형태로 문장을 써보세요.

엄마는 챗GPT에 이렇게 질문합니다.

'짜장면 먹기 좋은 날'처럼 특별한 날을 표현하는 창의적인 문장 5개를 만들어줘.

③ 영어 신문: 광고 만들기

신문의 광고는 아이가 처음으로 설득을 배울 수 있는 글쓰기입니다. '다른 사람이 이 물건을 사고 싶게 만들려면 어떻게 해야 할까?'

이 질문 하나로 창의적인 광고문 글쓰기가 시작됩니다. 예를 들어 아이에게 아이 방에 있는 낡은 가방이나 간식을 팔아보게 합니다. 물건의 좋은 점에 관해 아이가 하는 말이 바로 글의 핵심 문장이 됩니다. 엄마는 챗GPT에 이렇게 질문합니다.

> **질문 예**
>
> 집에 있는 장난감이나 간식을 광고하는 짧은 광고문을 만들어줘.
>
> -
>
> 이 문장을 다른 사람을 설득할 수 있는 강력한 문장으로 만들어줘.

④ 편지 쓰기

편지는 아이에게 공감과 성찰을 가르치는 최고의 글쓰기입니다. 특히 책을 읽은 후 주인공이나 작가에게 편지를 써보는 활동은 단순한 독후감 쓰기보다 훨씬 깊은 사고를 만들어줍니다.

책을 읽은 아이에게 '책 속의 주인공이 가장 잘한 행동 혹은 아쉬운 행동'을 고르게 하고, 그렇게 선택한 이유에 관해 편지를 쓰게 합니다. 또는 책 속 인물에게 하고 싶은 질문에 관해 써보게 합니다.

엄마는 챗GPT에 이렇게 질문합니다.

아이가 책 속 인물에게 편지를 쓰게 도와줄 3가지 질문을 만들어줘.

인사로 시작해서 글 쓴 사람을 소개하고 감정을 자연스럽게 만드는 편지글 문장을 만들어줘.

~한 문제가 있어. 그것을 친구에게 설명하는 글을 쓸 수 있게 편지글 형식을 만들어줘. 처음에는 문장을 완성하는 형식으로 하고 마지막에는 전체 내용을 쓸 수 있도록 단계적 템플릿을 만들어줘.

✦ 부록 ✦

01 우리 아이 영어 글쓰기 로드맵

(주제 → 누가 → 무엇을 → 감정)

주제 (Topic)	확장 질문 1 무엇?(What?)	확장 질문 2 누구?(Who?)	확장 질문 3 기분?(Feeling?)
나는 공원에 갔다.	공원에서 무엇을 했니? → What did you do at the park?	누구와 함께 있었니? → Who were you with?	그때 어떤 기분이 들었니? → How did you feel then?
나는 오늘 정말 행복했다.	무엇이 너를 행복하게 만들었니? → What made you happy?	누가 그렇게 느끼게 했니? → Who made you feel that way?	너는 그 기쁨을 어떻게 표현했니? → How did you show that you were happy?
나는 학교에서 수학을 공부했다.	수학 시간에 무엇을 배웠니? → What did you learn in math?	누가 이해하는 데 도움을 줬니? → Who helped you understand it?	오늘 수학에 대해 어떤 느낌이 들었니? → How did you feel about math today?

우리는 현장 학습을 했다.	현장 학습에서 무엇을 했니? → What did you do on the field trip?	누구와 함께 갔니? → Who was with you?	현장 학습 중에 어떤 기분이었니? → How did you feel during the field trip?
나는 친구와 싸웠다.	무엇 때문에 싸웠니? → What was the fight about?	너는 누구랑 싸운 거야? → Who were you fighting with?	싸운 후 어떤 기분이 들었니? → How did you feel after the fight?

02 우리 아이 영어 글쓰기 로드맵 후에 할 수 있는 글쓰기 자유 주제

한국어	영어 프롬프트
'돈으로 행복을 살 수 없다'라는 말에 동의하니 반대하니? 이유는?	People often say that money can't buy happiness. Do you agree or disagree? Explain why.
예쁘거나 똑똑하거나 운동을 잘하는 것 중 하나를 고른다면 무엇을 고를 거야? 그리고 그 이유는?	Would you rather be beautiful, smart, or athletic? Why?

꿈이나 악몽 하나를 묘사해 봐 — 실제였어도 되고 지어낸 것이어도 돼.	Describe a dream or nightmare — it can be real or made up.
어릴 때 가장 좋아했던 장난감에 대해 이야기해 봐.	Write about your favorite toy from childhood.
가장 좋았거나 가장 힘들었던 하루에 대해 써봐.	Write out the best or the worst day of your life.
네가 지금까지 가장 무서웠던 순간은 언제였지?	You have never been more frightened than when…
친구에게 ~을 하지 않도록 설득하는 글을 써봐.	Persuade a friend to give up something.
5년 후 너는 어떤 모습일까?	Five years from now, you will be…
잊어버리고 싶은 하루에 대해 이야기해 봐.	Write about a day you'd like to forget.
새로운 음식을 하나 발명하고 그 음식에 대해 설명해 봐.	Invent and describe a new food.
너한테 영웅 같은 사람이 있다면 누구이고, 왜 그렇게 생각해?	Describe someone who is a hero to you and explain why.
어려운 선택 앞에서 올바른 결정을 했던 순간에 대해 써봐.	Write about a time in your life when you struggled with a choice and made the right one.

만약 다른 세기에 산다면, 그 하루는 어떻게 흘러갈까?	Imagine yourself in a different century and describe an average day in your life.
책 속 인물 중 만나고 싶은 인물이 있다면 누구야? 왜 만나고 싶어?	Which character from a book would you most like to meet and why?
네가 세운 3가지 목표는 뭐지?	Three goals you have set for yourself are…
네가 세상에서 가장 좋아하는 사람은 누구이고, 왜 그 사람이 좋은 거야?	Who is your favorite person in the world and why?

03 꼭 알아야 할 문장부호

문장부호	이름	용도	예시
.	period (마침표)	평서문, 명령문의 끝에 사용	I like apples.
?	question mark (물음표)	의문문 끝에 사용	Do you like pizza?

!	exclamation mark (느낌표)	감정, 놀라움, 강한 명령 표현	Wow! That's amazing!
,	comma (쉼표)	나열, 접속사 앞, 부가 설명에 사용, 나열된 항목 분리	I have a dog, a cat, and a rabbit.
,	apostrophe (생략 부호/아포스트로피)	축약형 또는 소유를 나타낼 때 사용	It's raining.
" "	quotation marks (큰따옴표)	누군가의 말을 직접 인용할 때 사용	She said, "Let's go!"
:	colon (콜론)	설명, 인용 또는 나열 앞에 사용, 정의나 동격으로도 사용	There's one thing you should remember: always be kind.
;	semicolon (세미콜론)	관련된 두 문장을 연결하거나 강조할 때 사용	I was tired; I went to bed early.
( )	parentheses (괄호)	추가 정보나 설명을 덧붙일 때 사용	My dog (a golden retriever) is very friendly.

04 　영어 글쓰기에 도움되는 사이트

① Read WriteThink

(https://www.readwritethink.org)

미국 초·중등 커리큘럼 기반의 글쓰기 지도 자료와 샘플 에세이를 제공해요. 설득문, 이야기 글쓰기, 의견문의 구조와 예문을 참고할 수 있어요.

② Kibin Essay Examples(Free Sample Essays)

(https://www.kibin.com/essay-examples)

장르별, 주제별로 다양한 에세이 샘플을 제공해요(서론, 본론, 결론 구성 참고 가능). 일부는 유료이나, 무료 샘플도 많이 있습니다.

③ ThoughtCo(Writing Essays)

(https://www.thoughtco.com/student-essays-1856992)

영문 에세이 쓰는 법, 구조, 아이디어 도출법 등을 주제별로 설명하고 있어요. 시작문, 연결어 등도 풍부하게 제공해요.

④ IELTS Liz(Sample Essays)

(https://ieltsliz.com/ielts-writing-task-2)

아카데믹/제너럴 글쓰기 에세이 유형별 샘플을 제공하며, 논리적 주장과 근거 제시를 학습할 수 있어요.

⑤ Write & Improve(by Cambridge)

(https://writeandimprove.com)

케임브리지대학교에서 개발한 영어 작문 연습 플랫폼으로, 에세이를 쓰면 AI가 바로 피드백해 주고 레벨별 과제를 선택할 수 있어요.

⑥ CommonLit - Paired Writing Prompts

(https://www.commonlit.org)

논픽션 및 픽션 리딩 자료와 함께 쓰기 활동을 제공하며, 리딩 후 쓰기 과제로 확장할 때 유용합니다.

⑦ https://www.grammarly.com/blog/category/handbook

직관적인 설명과 짧은 예시를 제공하기 때문에 문법 개념을 이해하는 데 좋고, 시제 일치, 관사 등을 자세히 검색할 수 있어요. 한국어가 없지만 구조가 직관적이어서, 영어에 익숙하지 않은 엄마도 쉽게 사용할 수 있어요. 아이가 쓴 글에서 어법이 헷갈리는 부분이 있을 때 바로 확인할 수 있어요.

⑧ https://www.perfect-english-grammar.com

쉬운 문장부터 고급 문법까지 체계적으로 설명하고, 무료 PDF 워크시트를 제공해서 인쇄하여 손으로 풀며 학습할 수 있어요. 수동태, 전치사, 관계사 같은 어려운 문법도 친절하게 설명해요. 이 사이트는 '이 어법을 어떻게 알려주지?' 하는 막연한 고민을 해결할 수 있게 해줘요. 문법 개념→예문→연습 문제 순서의 구성으로 엄마도 쉽게 접근할 수 있어요.

⑨ https://learnenglishteens.britishcouncil.org/grammar

영국문화원에서 제작해서 신뢰도가 매우 높아요. 다양한 문법 주제에 대해 퀴즈와 실전 연습 문제를 제공하고, 주제별 정리 및 난이도 설정(beginner~advanced), 정답 자동 채점 기능이 있어서 채점 부담이 없고 엄마와 아이가 함께 퀴즈를 풀며 학습 분위기를 만들기 좋아요. 무엇보다도 다양한 문법, 레벨을 조정할 수 있어요.

⑩ https://www.quill.org

문장 쓰기와 문법 교정 중심의 한 무료 온라인 학습 플랫폼이에요. 학생이 직접 문장을 수정하면서 즉시 피드백을 받아 반복적으로 연습할 수 있어 수업이나 숙제에 사용하기 좋아요. 활동 내용이 짧고 난이도가 다양해 초등부터 고등까지 폭넓게 활용할 수 있지만, 아이디어 전개 같은 고급 글쓰기는 교사의 보완이 필요해요.

고급보다는 초·중급에 적합해요.

05 엄마표 글쓰기에 필수적인 챗GPT 프롬프트

챗GPT를 활용한 영어 글쓰기 활동 10가지 예시

활동 이름	챗GPT 프롬프트	엄마의 역할
하루 일기 문장 확장하기	아이의 두 줄짜리 일기를 더 자연스럽고 조금 더 길게 다듬어 줘.	처음 문장과 비교해서 어떤 이야기가 더 추가 되었는지 확인하기, 글의 구체적인 이야기를 만드는 방법 알아보기
세 문장 스토리 만들기	우리 아이가 이렇게 썼어요: [아이 문장 복사하기] 이 문장을 더 자연스럽게 다듬거나 조금 더 길게 세 문장을 스토리로 완성해 줘.	세 문장이 서론-본론-결론 구조인지 확인하기
그림 보고 쓰기	간단한 일기 작성을 위한 그림 프롬프트를 줘. 가능한 구체적이고 익숙한 주제의 그림으로.	익숙한 그림, 주변에서 글쓰기에 필요한 그림이나 사진 찾아보기, 그림의 전체적인 부분에서 부분으로 쪼개서 설명해 보기, 위치 색깔, 크기 등 세부 사항 확인하기

문장 바꾸기 게임	'I had fun at school'이라는 문장을 표현하는 다른 영어 말하기 방법을 3가지 알려줄래?	어떤 변화가 가장 컸는지 찾아보기
글쓰기 주제 추천받기	5학년 학생을 위한 쉬운 일기 주제 10개를 알려줘.	주제 중 하나 선택하게 하기, 왜 선택했는지 이유 묻기
틀린 문장 고치기	내가 아이가 쓴 문장을 입력할 때마다 친절한 선생님처럼 부드럽고 자연스럽게 문법을 고쳐줘.	수정 전후를 비교해서 문법 확인하기, 잘 틀리는 부분 정리하기
단어 카드 문장 만들기	다음의 세 단어 (lunch, friend, funny)를 사용해서 문장을 만들어줘.	세 단어의 연관성 확인하기, 단어 수 줄이거나 늘려서 응용 연습하기
글쓰기 채점 받기	4학년이 쓴 이 글에 대해 간단한 피드백을 줘.	자주 틀리는 개선점 정리해서 문장이나 표현 바꿔보기
형용사, 부사 넣기 훈련	형용사, 부사를 넣어서 문장을 더 흥미롭고 구체적으로 만들어줘.	기본 문장에 형용사를 추가한 결과를 비교하며 지도하기, 형용사, 부사를 넣었을 때 문장 느낌 말해보기

| 캐릭터 일기 쓰기 | 공원에 다녀온 강아지가 된 것처럼 일기를 써줘. | 캐릭터 분석 아이와 하기(강아지, 히어로 등), 캐릭터가 되어서 상상해 보기 |

다양한 영어 글쓰기 가이드 프롬프트

활동 이름	프롬프트
오늘 있었던 일을 일기 주제로 쓸 수 있게 3가지 질문	우리 아이가 오늘 있었던 일을 쓸 수 있도록 질문 3개를 만들어줘.
친구에 대해 쓸 수 있는 쉬운 주제	우리 아이가 친구에 대해 쓸 수 있도록 간단한 글쓰기 주제를 만들어줘.
학교나 수업 경험 글쓰기 주제 3개	학교나 수업 경험에 대한 글쓰기 주제 3개를 제안해 줘.
하루를 시작하는 쉬운 문장 3개	하루에 대해 쓸 때 사용할 수 있는 간단한 영어 문장 3개를 알려줘.
'I like…'로 시작하는 문장 3개	' I like~ '로 시작하는 문장 시작(문장틀)을 3개 만들어줘.
의견을 말할 때 쓸 수 있는 시작 문장 3개	의견을 말할 때 사용할 수 있는 문장 시작(문장틀) 3개를 만들어줘.
의견 글쓰기 연결어 (first, second, finally 등)	의견을 쓰는 글에서 사용할 수 있는 연결어(예: first, second, finally)를 제안해 줘.

'So I…'로 시작하는 쉬운 결론 문장	'So I ~'로 시작하는 쉬운 결론 문장을 만들어줘.
'Through this experience, I learned…'로 마무리하는 문장	'이번 경험을 통해 나는 ~을 배웠다'라는 문장으로 요약할 수 있도록 문장 만들어줘.
맞춤법 고쳐주기	이 글의 철자를 확인하고 고쳐줘.
글에 감정을 더하는 방법	이 글에 감정을 더 넣는 방법을 아이 수준에 맞게 쉽게 알려줘.
더 구체적으로 쓸 수 있는 부분 물어보기	이 글에서 더 구체적으로 쓸 수 있는 부분을 알려줘
주제로 아이디어 5개 뽑기	이 주제에 대한 글쓰기 아이디어 5개를 제안해 줘.
관심 끄는 첫 문장 만들기	읽는 사람의 관심을 끌 수 있는 후킹용 첫 문장을 제시해 줘.
초등학생용 요약/결론 문장 3개	요약과 결론을 쓸 때 사용할 수 있는 초등학생용 쉬운 문장 3개를 알려줘.
본문 핵심 아이디어 3개 정리	본문(Body)에 포함할 핵심 내용을 3개 알려줘.
본문을 문단으로 나누기	본문을 명확하게 단락으로 나누는 것을 도와줘.
본문 예시 제안	본문에 사용할 수 있는 구체적 예시 하나를 제안해 줘.

본문 연결 문장 제시	본문 부분에서 사용할 수 있는 연결 문장을 하나 만들어줘.
논리적 본문 순서 나열	본문 내용을 논리적인 순서로 나열해 줘.
본문에서 의견 잘 표현하기	본문에서 내 의견을 더 명확하게 표현할 수 있도록 도와줘.
반대 의견 반박 문장 쓰기	반대 의견을 반박하는 문장을 써주고 반박할 예시도 제안해 줘.
중심 문장+뒷받침 문장 3개 보기	주요 생각(중심 내용) 1개와 이를 뒷받침하는 세부 내용 3가지를 제시해 줘.
서론 주제문 예시 제안	아래 예시 문장처럼 논지를 나타내는 주제문을 제안해 줘. (예: "나는 학교 급식을 좋아한다.").
주장+이유 연결 주제문 예시 2개	의견과 이유가 함께 들어간 주제문(thesis statement) 예시를 초등학생 수준에 맞게 2개 제시해 줘.

06 종류별로 바로 쓸 수 있는 영어 템플릿

의견 제시 글쓰기(opinion writing template)

주로 초4~중1 영어 말하기 · 쓰기 대회에 많이 활용됩니다.

예시 주제: Why Kids Should Have More Recess

① In my opinion _____.

② I believe this because _____.

③ For example, _____.

④ Another reason is _____.

⑤ In conclusion, I think _____.

이야기 구성 템플릿(story writing template)

스토리텔링, 스피치, 창의 글쓰기 수업용으로 활용됩니다.

예시 주제: The Day I Got Lost in the Market

① One day, _____.

② Suddenly, _____.

③ Because of that, _____.

④ In the end, _____.

⑤ I learned that _____.

스피치 발표용(speech script template)

영어 대회용 스크립트, 챗GPT와 연계해 실력을 확장할 수 있습니다.

예시 주제: Why We Should Be Kind to Others

① Hello everyone. Today, I want to talk about _____.

② First, _____.

③ Second, _____.

④ Finally, _____.

⑤ Thank you for listening.

문제 해결형(problem-solution template)

중급~고급 에세이, 설득형 글쓰기에 활용됩니다.

예시 주제: Plastic Pollution in the Ocean

① One big problem is _____.

② This is a problem because _____.

③ One solution is _____.

④ This would help because _____.

⑤ In conclusion, _____.

요약+나의 생각(summary+reflection template)

독후감, 에세이 요약, 뉴스 보고서 등에 활용됩니다.

예시 주제: A Book Summary of The Giving Tree

① This story/article is about _____.

② The main idea is _____.

③ I think this is important because _____.

④ It reminds me of _____.

⑤ I learned that _____.

챗GPT로 시작하는 초등 영어 글쓰기

1판 1쇄 인쇄 2026년 1월 7일
1판 1쇄 발행 2026년 1월 28일

지은이 방지현
펴낸이 고병욱

기획편집2실장 김순란 **책임편집** 권민성 **기획편집** 조상희
마케팅 안선욱 황혜리 황예린 권묘정 이보슬 **디자인** 공희 백은주
제작 김기창 **관리** 주동은 **경영지원** 노재경 송민진

펴낸곳 청림출판(주)
등록 제2023-000081호

본사 04799 서울시 성동구 아차산로17길 49 1010호 청림출판(주)
제2사옥 10881 경기도 파주시 회동길 173 청림아트스페이스
전화 02-546-4341 **팩스** 02-546-8053

홈페이지 www.chungrim.com **이메일** life@chungrim.com
인스타그램 @ch_daily_mom **블로그** blog.naver.com/chungrimlife
페이스북 www.facebook.com/chungrimlife

ⓒ 방지현, 2026

ISBN 979-11-93842-60-7 13590